出版に寄せて

　日本の住まいには"庭づくり"という伝統があり、造園という名の業種が古くから存在して、日本の住宅の外部空間づくりを担ってきました。しかし、近年、住まいを取り巻く環境は大きく変化し、従来の"庭づくり"だけでは快適な外部住空間は実現できなくなってきています。住まいの敷地内だけではなく、街づくりや景観など公共的空間や持続的自然環境の視点も加えて住環境を捉える必要が出てきました。

　こうした背景から、総合的に外部住環境を捉える"エクステリア"という概念が生まれました。全国の自治体などでも、「街づくり条例」や「景観条例」などの名称で街並み景観や街づくりを意識したエクステリア計画が進められています。そして、「エクステリア工事」などの名のもとに、全国で多くの方々がエクステリア分野に参画し、外部住空間の計画・設計および施工に携わるようになっています。

　2019年に発生した新型コロナウイルス感染症の影響により、近年は家庭で過ごす時間が増え、働き方を含めて人々の関心が住まいに向いてきました。景観や周囲の自然環境との調和を図りながら、同時に住まい手の快適で豊かな住環境の向上を目指すエクステリアの考え方や計画の重要性は高まっているといえます。

　しかし、"エクステリア"という言葉が意味するところの理解も含めて、「エクステリア工事」の計画・設計や施工についての確たる拠り所が明確に示されないまま進められている現状があり、きちんとした設計や施工の整備が求められています。

　このような問題意識を持つ有志が集い、「エクステリア品質向上委員会」の名のもとに活動を始め、この委員会活動を前身として2013年4月に「一般社団法人 日本エクステリア学会」が発足しました。本学会では現在、エクステリア業界に関係する多くの人々の参加を募りながら、エクステリア分野における基準の整備やエクステリアについての知識の普及の一環として、技術委員会、品質向上委員会、歴史委員会、製品開発委員会、植栽委員会、製図規格委員会、街並み委員会、国際委員会を組織して活動しています。そして、2014年より活動の成果を順次書籍としてまとめ出版してきました。今回の『エクステリア植栽の維持管理』は本学会が上梓する書籍として7冊目になります。

　これまで本学会が上梓した書籍の中には、エクステリアや造園、建築分野に従事し、植物や植栽などの研究、エクステリア製品分野の開発などに携わってきた多くの先人・先輩の業績や技術、知見、研究が凝縮されています。技術や知識は一朝一夕には完成できないもので、多くの方々が関わる中で常に更新と進歩を繰り返していくものです。今回『エクステリア植栽の維持管理』を上梓するにあたっても、改めて多くの先人・先輩に感謝するとともに、私たちが編集した書籍が現在エクステリアに関わる人々に広く資するものであることを願い、また、エクステリアの技術や知識の正統な継承や、たゆまぬ進歩と発展につながることを期待しています。

2022年6月吉日

一般社団法人　日本エクステリア学会　代表理事　吉田克己

はじめに

　エクステリアの計画・設計、施工、維持管理では、樹木や植物を扱うことは日常的に行われますが、植栽については従来、樹木の姿や花の色や大きさなど、形や美しさが中心に語られてきたように思われます。しかし、例えば、植物の生理生態や植物を育てる土壌など、植物や植栽のことを十分理解していないために、植物の機能や効果を十分に発揮できていない、樹木が生育障害を起こし病気や害虫に侵される、周囲の景観や自然環境・植生と調和しないなど、問題と課題を抱えてきました。

　日本エクステリア学会は、これらの曖昧な点を解消し、植物自体が健全に生育しながら人や地域に潤いを与え、快適で美しい景観を創造して欲しい、また、適切な施工方法や、適正な工事費の積算の基準をまとめて明確に示そうと考えて「植栽委員会」を立ち上げ、2015 年より活動してきました。そして 2019 年に『エクステリアの植栽』を出版いたしました。同書の出版後、約 3 年間の植栽委員会の活動をまとめ、今回『エクステリア植栽の維持管理』として出版することになりました。

　本書は、「設計者は、植栽の維持管理のことにもう少し関心を持って計画してもらいたい」と考えたと同時に、「植栽を健全に維持管理していくには、住まい手の維持管理への理解が大きい」という考えのもとで、住まい手にも分かりやすい内容でまとめました。植栽の維持管理の基礎的な知識からはじめ、目的、それにともなう実践と技術、維持管理者の役割、環境にやさしい自然管理方法などにわたる内容となっています。

　エクステリアの設計者・施工者だけでなく、各教育機関などにおいてエクステリアの植栽の教本や参考図書にしていただくなど、エクステリアに携わる多くの方々、一般の住まい手にも活用していただき、たくさんのご意見、ご指摘をいただければ幸いと思っています。

　末筆ながら、執筆や編集にご尽力、ご協力いただいた委員各位、出版社の関係者に感謝いたします。

2022 年 6 月

一般社団法人 日本エクステリア学会 植栽委員会

■日本エクステリア学会　植栽委員会

吉田	克己	吉田造園設計工房
松枝	雅子	株式会社 松枝建築計画研究所
大嶋	陽子	いくにわラボラトリー
碇	友美	株式会社 ユニマットリック
石原	昌明	有限会社 環境設計工房 プタハ
加藤	美榮子	K ガーデン
林	好治	ヒューマンヤードグループ 有限会社 林庭園設計事務所
菱木	幸子	garden design Frog Space
松浦	麻子	Botonicana

目次

第1章　植栽の維持管理の目的と管理者の役割

第2章　植栽の維持管理のための基礎知識

第3章 植栽の維持管理の 実践・技術

第4章 設計者のための 植栽・維持管理計画

第5章　エクステリアにおける
植栽の自然管理方法

第6章　小さなスペースで楽しむ
植栽と維持管理方法

第1章 | 植栽の維持管理の目的と管理者の役割

1-1　植栽の維持管理の目的と必要性

　エクステリアに植えられた樹木や草花などの植物は「生き物」なので、植栽地の土壌や気象条件などにより成長しすぎたり、枯死するなどの生育障害を起こすことがある。しかし、灌水、施肥、剪定、除草、病気や害虫への防除策などの日常的な維持管理を行うことで健全な生育が維持できる。

　また、人々の生活の中に取り込まれた植物は、自然環境の中で生育するのとは違って限られた敷地内で人々と共存することになるので、植物にとって生育しやすい、人々にとっても住みやすい環境をつくり上げることが求められる。そのためには、枝などを伸ばしすぎない、繁茂させすぎないなどの維持管理と、風で倒れない、枯死しない、病気や害虫に侵されないなどへの対策が欠かせない。さらに、近年は輸入植物が多くなってきているが、日本の多雨な気候では原生地よりも成長が著しくなっているものも多くみられる。

　植栽後の維持管理については、植物を取り入れる計画段階から考慮しておくことが、快適な植栽のあるエクステリア空間を維持していくうえで重要となる。その際には、誰が維持管理を行うかということも大切な要素となる。専門業者に依頼する作業もあるが、そこで生活し、毎日のように植物と接している住まい手が管理の主役になることが求められる。従って、住まい手にできるような日常の維持管理を予め考慮しておく必要がある。

　本節では、適切な維持管理がされていない事例を取り上げ、住環境や街並みにどのような影響があるかを考えてみる。

1-1-1　住環境から見た維持管理の必要性

　人の住まいに取り入れられた植物は植栽後の適切な維持管理が必要である。維持管理が行われなかった場合は植物そのものだけではなく、住まい手の住環境にも様々な支障が生じる。

A　茂りすぎた樹木

　植栽した樹木の手入れがされず、樹高が高くなり、枝葉が茂りすぎて建物が見えなくなってしまうような状態になると、道路などからの景観や印象が悪くなるだけではなく、防犯上からも懸念が生じる（写1-1）。住宅敷地内の様子が道路などの外部からほとんど見えなくなることは、空き巣などに入られやすいとも言われている。また、生育しすぎた樹木は、手入れするにも専門業者に依頼することになり、費用も高くなってしまう。

　さらに、枝葉が茂りすぎた樹木をそのままにしておくと、日照や風通しが悪いことから、生育障害や病気・害虫に侵されることにより、樹木の枯損にもつながる。また、敷地内だけでなく近隣周辺に対し

写1-1　茂りすぎて建物が見えなくなった樹木

写1-2　道路に越境した樹木

ても問題となることが懸念される。

B　越境する樹木

　樹木などが成長して敷地内を越えてしまい、道路や隣地に越境した場合は、枝葉だけではなく、落ち葉なども問題となる。

　写1-2 は、樹木が茂りすぎて枝が伸び、道路に越境している例。樹木は落葉広葉樹のモミジと常緑針葉樹のサワラ。建物と塀の間の狭い場所に植栽されたため、空間に余裕がある道路側に茂り出し、道路に越境することになってしまった。さらに、モミジは落葉樹なので、秋には一斉に道路に葉を落とし始め、落ち葉は 2 ～ 3 週間ほど続くので、風によって道路に吹き溜まることになる。樹木が道路に大きく茂り出した状態のまま放置すると、毎年の道路の落ち葉の片付け作業や、通行の妨げ、美観にも問題を残す。管理を怠った場合は、近隣との関係が悪化することも懸念される。

C　植栽場所に適していない樹木

　樹木には樹高や枝張りだけではなく、樹形や樹冠、成長速度などにもそれぞれ特性があるので、それらを理解したうえで植栽場所を選び、維持管理していくことが必要になる。安易に樹種や植栽場所を決めてしまうと、その後の維持管理が難しくなり、日照や風通し、建物への影響などの住環境や街並み景観にも支障をきたすことになる。

　写1-3 は常緑高木のイヌマキが道路に面した塀際に植栽された例。イヌマキに限らずマキ類は、そのまま放置すると枝が四方に広がり、10m 以上の高さになってしまう。写真のイヌマキも枝が広がって樹形が乱れ、道路に枝葉がはみ出している。さらに、建物にも近いため、屋根樋の詰まりや破損、屋根や外壁の汚れ、雨漏りの原因となったり、日照や通風などにも悪影響を与えていると思われる。このような状態になると、住環境への悪影響を取り除くために、樹高を低くし、剪定、整枝、枝の間引き（枝透かし）などが必要になり、住まい手では手に負えなくなる場合もあるので専門業者による大規模な手入れを行うことにもなる。

1-1-2　不動産価値、近隣との関係から見た維持管理の必要性

　植栽の維持管理が不十分な住環境は、宅地や街並みの不動産価値や近隣との関係にも影響する。「ここに住んでみたい」「ここなら安心して子育てができる」といった街並みの印象が、その街の不動産価値を決める要因となる。個人住宅の植栽であっても、その景観は街並みの価値に大きな影響がある。

A　維持管理されていない庭

　写1-4 は雑草が庭一面に茂り、樹木も伸びるにまかせた状態のように見える。生活感も感じられない。

写1-3　建物と塀の間に植えられた高木

写1-4　雑草や樹木が生い茂った庭

植栽をしたものの、活用していく目的が見いだせなくなると、このような状態になってしまうのかもしれない。

　維持管理をせずに、樹木や雑草が生い茂ったまま放置されると、雑草の種が周辺へ飛散したり、病気や害虫が周辺の植物に移って拡大することにもなりかねない。住宅の景観の印象が悪くなることは、不動産価値も下げることになる。

B　荒れた庭

　写1-5の庭はフェンスと数多くの樹木によって庭の内部は分からないが、どの樹木も茂りすぎて「荒れた庭」の印象を受ける。樹木の茂りすぎた庭は、街並みの雰囲気を悪くし、街全体としての不動産価値を下げてしまうことにつながりかねない。

　また、敷地から道路に越境してきた樹木の枝葉は、枯枝や枯葉を道路に散乱させたり、自転車や道行く人の通行の安全をおびやかす可能性がある。街の景観と安全のためにも、適切な維持管理が必要である。

C　公共物などに影響を与える高木

　道路側に植栽した高木は、剪定などの管理をしないでおくと、成長して電柱や電線などに接触することがある。樹木に接触する架線は、台風などの強風の折には切断などの危険性もある。

　写1-6は道路側の塀と建物との間に植えられたシイノキだが、架線を突き抜けて伸びだしている。シイノキは常緑高木で成長も速く、成長につれて樹高や枝張りは20m以上になる。写真のシイノキも高さは10m程度だが、成長は予想できたはずである。植栽してから数年は樹高もそれほど高くならないので、住まい手自身が切り詰めるなどの維持管理ができるが、写真のように高くなってしまうと専門業者に依頼することになり、剪定した枝や幹の処理を含めて費用負担も大きくなってしまう。

　高木を植える場合は成長速度や樹高なども考え、大きくさせすぎない、道路に飛び出させない、架線などの公共物に触れさせないなどを注意しながら、樹種と植栽位置を決め、維持管理に配慮する必要がある。

1-1-3　衛生・防犯・安全性から見た維持管理の必要性

　植栽の維持管理が適切に行われないと敷地内の風通しや日照なども悪くなり、薄暗く湿度の高い場所ができて病気や害虫が発生するなど、住まいの衛生環境に大きな影響を与える。さらに、戸建住宅の植

写1-5　樹木が茂りすぎて荒れた印象の庭

写1-6　架線に接触している高木

栽が乱れていることは、やがて街並み全体の景観にも影響し、割れ窓理論[注1]のような治安の悪化を引き起こすことにもつながりかねないため、防犯性や安全性からも問題がある。

注1　割れ窓理論（ブロークンウィンドウズ理論）：米国の心理学者ジョージ＝ケリング（1935 − 2019）が提唱したもので、窓ガラスを割れたままにしておくと、その建物は十分に管理されていないと思われ、気軽にゴミを捨てる人が増え、やがて地域の環境が悪化し、凶悪な犯罪が多発するようになるという犯罪理論

A　外観を構成する門廻りの植栽

　建物の門廻りのエクステリア植栽は、建物の「顔」ともいえるファサード（建物の正面外観）を構成している。写1-7 は、建物の正面から見た門廻りの樹木の樹形が大きく崩れてきており、さらに門袖にかかるつる性植物も繁茂しすぎ、建物外観の印象を乱している。建物自体の外観はきれいであっても、門廻りの樹木や植物の維持管理が適切に行われていないことによって、建物を正面から見た時の外観（ファサード）は印象の悪いものになっている。

B　緑を街並みに提供する植栽

　敷地を後退させ、道路に面して植栽枡を設けることは街並みに対して緑を積極的に提供することであるが、植栽の維持管理が適切に行われていない場合は、かえって建物の印象を悪くしてしまう。

　写1-8 は道路に面した植栽枡の灌木が枯れている状態。ツツジ類が植栽された当初は、春に美しい花をつけ、道行く人々を楽しませていたと思われる。しかし、おそらくその後の維持管理がされていないため、病気の発生、灌水不足、土壌の劣化などにより枯損が発生して、写真のような見栄えの悪い状態になってしまったと思われる。特に、サツキツツジのように根の浅い灌木類は乾燥に弱く、日常的な管理が欠かせないので、植えた後の維持管理を含めて植物の選択をする必要がある。

C　植栽の維持管理の差が分かる街並み

　いわゆる都市郊外の住宅地では敷地が整然と規則的に配置されているため、人通りに面した道路側植栽の維持管理の状態が街並み景観全体に大きな影響を与える。各住宅によって植栽の状態が異なると、街並みとして不揃いな印象になる。街並みの景観が崩れることは、街全体の治安悪化につながるとも言

写1-7　管理されていないファサード植栽

写1-8　枯れた灌木の道路側植栽枡

写1-9　植栽の維持管理に差がでている街並み

われている。維持管理されていない植栽の家は、人が侵入しても周辺の住宅から分かりにくくなるなど、防犯上からも悪影響がある。

　写1-9は、一見緑が多く綺麗な街並みに見えるが、樹木の枝葉が生垣を越えて道路にまで伸びているなど管理が十分に行き届いていない住宅もあり、通り全体としては薄暗い印象となっている。また、樹木が茂りすぎていて敷地の中が全く見えない住宅は、防犯性や安全性に不安がある。

1-2　エクステリアの規模による維持管理の注意点

　エクステリアの植栽の維持管理においては、対象となるエクステリアを建物の種別や規模によって分類すると、それに伴う課題と問題点が分かりやすくなる。例えば、戸建住宅と集合住宅（マンションなど）では、植栽された樹木が同じであったとしても管理方法が異なってくる。これは、戸建住宅であれば住まい手、集合住宅であれば管理人という維持管理を行う者の違いによる。それらに加え、敷地面積や立地条件などの要因も大きく関わってくる。

　本節では、植栽の維持管理を支障なく順調に行うために、まず管理すべきエクステリアの種別や規模・場所を分け、共通事項となる一般的な特徴と維持管理の注意点を整理しておく。

1-2-1　戸建て住宅（小）　100m^{2}程度の小規模住宅地

A　植栽の特徴

- 敷地の建ぺい率の限度近くまで建築面積を取ることが多いため、植栽は建物の正面（エントランス）周辺のごくわずかな部分にしかないことが多い（写1-10）。
- 植栽面積を増やすために、塀や建物外壁などに壁面緑化を行っていることが多い。

B　維持管理の注意点

- 敷地面積が狭いため、樹木が越境して道路や隣地に飛び出すことがないように、維持管理（剪定など）を小まめに行う。
- 樹木の枝葉は大きくなりすぎず、コンパクトにまとまるように維持管理する。
- 敷地内のみでの作業が難しいことがあるため、隣地などに影響する場合は、事前に隣地の了解を得た上で作業を行う。
- 作業空間の確保が難しい場合は、どのように作業を進めるかを事前に検討し、計画しておく。
- 壁面緑化の植物管理を行う場合、住まい手が維持管理できる範囲（壁面の高さ、距離など）と、専門業者などへの依頼が必要な範囲を予め決めておく。

写1-10　小規模住宅ではエントランスが植栽の中心になる

写1-11　統一されたデザインの集合住宅の植栽

1-2-2　戸建て住宅（大）　200m² 以上の住宅地

A　植栽の特徴

● 駐車・駐輪などの空間確保が必要ない場合は、ある程度の植栽面積が確保できるため、好みに応じた様々な植栽が可能。

● 敷地に余裕がある場合は、植栽する樹木も中高木から低灌木まで、多くの樹種が選択できる。

● 敷地面積が広くなると、芝や花壇などを取り入れた植栽が多い。

B　維持管理の注意点

● 維持管理する植物の種類が広がるため、植物の基本的な知識や管理技術とともに、各植物の成長の速さなども考慮した総合的な維持管理が必要になる。

● 敷地に余裕があるため、剪定の選択肢が増えるので、エクステリア空間全体の調和（バランス）を見ながら剪定方法を決める必要がある。

● 樹木の剪定枝、剪定葉、刈り草など発生材の量も多くなるので、処分方法を決めておく。

● 維持管理の負担が大きくなるので、住まい手が行う部分と、専門業者に依頼する部分を決めて、維持管理計画を立てる。

1-2-3　集合住宅（1 階）　マンションなどの 1 階部分

A　植栽の特徴

● マンション全体の外観をふまえたうえでの総合的な植栽デザインで統一されている（写 1-11）。

● 常緑中低木を主体とした植栽が用いられることが多い。

● 既存樹があるので、入居者が新規で植栽することは難しい。

B　維持管理の注意点

● マンションの規定や管理組合の意向を確認し、それらを踏まえた管理が必要になる。

● 分譲の場合、庭に関する規定は、マンションによって異なるため、事前に確認する必要がある。

● 賃貸の場合、管理に関しては持ち主と住人の両方の同意のもとに行う。

● 入居条件によって管理の方法が変わってくるので、それらをふまえた管理が必要となる。

● 維持管理作業を行う場合には、事前に両隣や上階の住人に作業の連絡を行う。

● 専門業者に依頼する場合、作業車両の移動や駐車場所の事前確認を行う。

● 害虫の駆除の場合、噴霧タイプの薬剤の使用は控え、必要な場合は管理組合ほか周辺住人の了解を得る。

● 1 階の占有庭であっても共用通路部分が設けられている場合もあるので、その部分を塞がない。

1-2-4　集合住宅（上層階）　賃貸マンションなどの上層階ベランダ部分

A　植栽の特徴

● マンションのベランダやバルコニーは共用部分であり、有事の際の避難経路として使用されるため、植栽する場合は避難通路を確保しつつ鉢やプランターなどで少数を栽培する。

● 重量制限を超えるような重い鉢は置けないので、大きな植栽は植えられない。

● 部分的につる性植物による壁面緑化を取り入れた植栽やハンギングバスケットなどを使用する場合が多い。

B　維持管理の注意点

● 重い鉢植えを置かないようにする。

● 落下の危険がある花鉢やハンギングバスケットなどは設置しない。

● ハンギングバスケットを用いる際はベランダやバルコニーの手摺壁の内側に向けて設置し、固定する。

● 避難経路を塞ぐようなコンテナなどを置かない。

● コンテナなどへの灌水は、階下や両隣の迷惑にならないように行う。

● ベランダやバルコニーの排水構や排水口に土や枝葉などが詰まらないように注意する。

1-2-5　集合住宅の共用緑地　マンションなどで共用する緑地部分

A　植栽の特徴

● シンボルツリーとなるような大きな樹木が配植され、同時に中低木も植栽されている。

● 花壇が設けられている場合も多く、季節ごとの草花が植栽されている。

B　維持管理の注意点

● 管理組合で決められた管理を行うので、その意向に沿うようにする。

● 共用部分なので、自分勝手な植栽はできない。

● 当番制などで決められた共用緑地部分での管理作業については、担当の管理をきちんと行う。

写1-12　アプローチなどは安全性を重視した植栽に

写1-13　境界エリアの植栽として代表的な生垣。維持管理の頻度が低く、剪定に強い樹種を選びたい

写1-14　坪庭は代表的な観賞用の庭

写1-15　芝庭は安全性の高い遊びの庭

1-3　エクステリアのエリア別維持管理の注意点

　エクステリアの植栽の維持管理をする場合、その植物の性質を理解したうえで適切な手入れをする必要がある。偶発的に起こる自然災害は別として、通常の季節ごとの維持管理の方法は植物の性質によって異なるため、その性質に沿った維持管理をしないと、植物本来の良さや花期などの見どころを失ってしまい、樹形を損ねたり、樹勢を弱める原因ともなる。

　基本的には剪定や刈り込み時期を間違えないことと、剪定、刈り込みの方法を間違えないことが重要だが、植物のより良い状態を保つためには土の状態をよくする対策を講じたり、植物の生育に合わせた施肥をすることも必要となる。これらのことを考慮した維持管理計画を立て、長期、短期を問わず目的に合わせた管理を行うことが重要である。

　また、同一敷地内であっても植栽地がどのような目的でつくられた場所なのかを把握することで維持管理の無駄をなくし、効率的な作業を行うことが可能になる。

　ここでは、エクステリア空間のエリア別に利用目的と維持管理の注意点、さらに効率的な管理を行うためのアイデア（方法）を紹介する。

1-3-1　駐車・駐輪空間、通路・アプローチ、サービスヤード

A　目的

　人や動物、自動車や自転車などが駐車したり行き来することを目的とする。

B　維持管理の注意点

　駐車・駐輪や通行を妨げないように頻繁な手入れが必要。駐車・駐輪や通行の安全性を確保するため、駐車・駐輪空間周辺や通路上、通路脇の植栽は、高さや葉張りを剪定によって調整する必要がある（写1-12）。

　コンクリートやアスファルト、煉瓦やタイルなどで舗装された場合が多く、舗装されていなくても駐車・駐輪や通行によって地面が踏み固められている場合が多いため、土壌環境が悪いことが多い。そのため、駐車・駐輪や歩行部分を除いた植栽地の土壌の改善や施肥も定期的に行い、生育環境を整えることが重要である。

C　維持管理を軽減するためのアイデア

〈環境・状況に合った植物選定〉

● 公害に強い………排気ガスなどにより空気がよくない環境でも生育が可能な植物。

● 病気や害虫に強い……病気や害虫に強く薬剤散布の必要がない植物。

● 生育が緩やか……剪定や手入れの回数を抑えられる植物。

● 植栽の多様化……数種類の植物を混植することで土壌改善を促進する植物。

1-3-2　隣地境界エリア

A　目的

　建物や敷地を区切るための場所。通常、建物と隣地境界に挟まれた部分で、人の出入りや通行の頻度は少ない。

B　維持管理の注意点

　維持管理は手入れの頻度を少なくする工夫が必要となる。管理に掛ける予算や手入れの頻度により、植物の選定は変わるので、管理状況に合わせた植栽計画を行う（写1-13）。

C　維持管理を軽減するためのアイデア

〈環境・状況に合った植物選定〉

● 自生環境に近い植栽………植付け場所の環境が本来の自生環境に近い植物。

● 強健で耐病性の高い植物……手入れの頻度が少ないことを考慮した丈夫な品種。

● 機械による手入れを考慮……剪定や草刈りなどを機械で行っても生育に問題がない植物。

● 植物の統一………………………1〜3種類までの手入れのしやすい植栽。

1-3-3　庭（観賞用）

A　目的

　庭のつくり（景観）や植えられた植物を観賞することを目的とする。園路以外の通行が制限されていることもある。

B　維持管理の注意点

　美しい状態を維持するための小まめな手入れが必要となる。樹木から草花まで多用な植物があるため、それぞれの植物に合わせた維持管理を行うために、幅広い植物管理の知識を要する（写1-14）。

C　維持管理を軽減するためのアイデア

〈環境・状況に合った植物選定〉

● 自生環境に近い植栽……植付け場所の環境が本来の自生環境に近い植物。

● 下草の利用………………樹木の下や手入れをしにくい場所には、繁茂する下草を植栽。

1-3-4　庭（プレイエリア）

A　目的

　庭の観賞部分ではなく、人や動物が動き回ったり遊んだりすることを目的とする。日常的に人の出入りがある（写1-15）。

B　維持管理の注意点

　安全性を確保するために草取り・草刈りや剪定など、頻繁な手入れが必要となる。また、人の出入りが激しいことで、植栽されている植物の負担が大きくなるため、植物を保護するための対策を取るほか、植物の入れ替えなども必要となる。

C　維持管理を軽減するためのアイデア

〈環境・状況に合った植物選定〉

● 強健で踏みつけにも耐える……日常的に人が植物の上を行き来しても生育できる植物。

● 生育が早く繁茂する…………特に行き来が激しい箇所は、生育が速く回復力が強い品種。

1-4　エクステリア植栽の維持管理の負担と作業軽減

　植物による恩恵は様々ある。例えば、環境面では、植物のもたらす炭酸同化作用や気温上昇の抑制、大気浄化、日差しの緩和などが挙げられるだろう。また、精神的な面においても、多くのセラピーに用いられるように、多様な効能をもたらしてくれる存在といえる。これまでの歴史を考えてみても、人と植物は、身近な存在であった。人が人間らしく生きるために、植物は欠かせない存在であり、その植物を最も身近に感じられる環境の一つがエクステリアであるといえる。人が植物と長く付き合いながら健康で快適に暮らしていくために、維持管理の問題点を改善するための作業軽減策を提案する。

1-4-1　維持管理作業の負担

　草花のようなものは、花が咲けば枯れる。枯れれば植え替えをしなければならない。夏に花を咲かせようと思ったら早春に、春に花を見たいと思ったら秋の終わりには種を蒔き球根を植え付けなければならない。このように、植物の種類や性質により、植え替えの時期はいつでも良いという訳にはいかない。

　花木や果樹、樹木であれば、植え替えや種蒔きはないが、伸びた枝の剪定、施肥、摘果など、定期的

な維持管理のほかに落ち葉の清掃、日々の水やり、害虫の駆除などがあり、それらを負担と考える人もいる。花を愛で、緑陰でくつろぎ、庭でとれた果実を味わう楽しみは魅力的であるが、そうした楽しみを実現するためには維持管理が欠かせない。

　若い世代や壮年世代では、日常生活は育児や仕事で精一杯であり、花や緑を楽しむ余裕などないことも多いと思われる。また、子育てなどが終わった高齢世代になれば、時間やお金の余裕も出てくるかもしれないが、自ら庭の管理をするには、体力的にきつくなってくるだろう。こういった問題が積み重なり、庭をつくり、楽しむということが難しくなっているともいえる。

1-4-2　維持管理作業軽減のための提案1　維持管理の明確化

　植栽を管理するために必要な項目を箇条書きにしてまとめておくとよい。そうすることで、管理の内容が明確になり、各々を負担のないように割り振ることが可能になる。維持管理項目と管理内容の例を表1-1に示す。

表1-1　維持管理項目と管理内容の例

維持管理項目	数量・範囲	管理頻度	作業者
中高木の剪定	3本／株立ち2.5m、株立ち3m、1本立ち5m	年1回	専門業者に依頼
低木の剪定	10本／0.5〜1m	年1回	専門業者に依頼
花壇の植え替え	1m×4m（4m²）	年2回	家族で行う
草取り	庭全体	月1〜2回	家族で行う、または、サービス業者に依頼
掃き掃除	庭と外周	月1〜2回	家族で行う

1-4-3　維持管理作業軽減のための提案2　日常的な維持管理の負担軽減

　家族などで植栽の維持管理を行う場合、1人に負担が掛かりすぎないように分担を先に決めておくとよい。家族間の話し合いによる決定では、家にいる時間が長い人が負担を負うことが多くなり、不満や疲れの溜まる要因になる。先入観をなくして、負担を分け合うような提案を心がける。4人家族の場合の維持管理分担の例を表1-2に示す。

表1-2　4人家族の場合の維持管理分担の例

担当者	維持管理作業	頻度	担当者	維持管理作業	頻度
夫	植物や資材の買い出し	年2〜5回	子供（姉）	花の植え替え	年2回
	花の植え替え	年2回		掃き掃除	週1回
	草取り	2カ月に1回		草取り	1カ月に1回
妻	業者の手配	適宜	子供（弟）	花の植え替え	年2回
	花の植え替え	年2回		草取り	1カ月に1回
	掃き掃除	週1回		ゴミ拾い	週1回
	草取り	1カ月に1回			

1-4-4　維持管理作業軽減のための提案3　専門業者などに任せる管理

　住まい手（家族など）が行うには作業量が多かったり、技術的に難しい剪定などの作業は、無理に自身で行わず、サービス業者や専門業者（造園業者）に依頼する。その場合の費用は必要な経費として考えることが必要である。維持管理の経費に余裕がある場合の手入れと、そうでない場合の手入れでは、管理内容が異なるため、それぞれの事情に応じた管理計画を立てる必要がある。

　維持管理計画では、業者にまかせる管理と、住まい手自らが行う管理をきちんと分けておく。特に、高所作業が必要な場合や中高木の移植、伐採などは住まい手が行うには難しく、危険があるため、専門業者に依頼する方がよい。夫婦と子供2人の家庭における専門業者やサービス業者を含めた年間管理計

表 1-3　年間管理計画表

作業者	1月	2月	3月	4月	5月	6月	7月	8月	9月	10月	11月	12月
夫				植物・資材の買出	花の植え替え					植物・資材の買出	花の植え替え	
	草取り（2か月に1回）											
妻				業者手配	花の植え替え					業者手配	花の植え替え	
	掃き掃除（週1回）・草取り（月1回）											
子供（姉）					花の植え替え						花の植え替え	
	掃き掃除（週1回）・草取り（月1回）											
子供（弟）					花の植え替え						花の植え替え	
	ゴミ拾い（週1回）・草取り（月1回）											
サービス業者					除草作業				除草作業			
専門業者					樹木剪定					樹木剪定		

画の例を表 1-3 に示す。

1-5　維持管理責任者と考慮すべき事項

　植栽の維持管理を行うのは誰の役目だろうか。維持管理の責任者は建物や土地の所有者となる。実際の作業、例えば樹木の手入れや草花の手入れ、雑草や落ち葉の掃除などを住まい手が自ら行ってもよいし、他の人や業者など依頼してもよいが、いずれの場合でもその手配や手入れの方法などを確定するのは所有者の役目である。

1-5-1　植栽の維持管理責任者

　エクステリアの植栽の維持管理責任者は、所有の形態により異なる。主な所有形態は次のように分類できる。

- 個人……個人住宅、賃貸住宅
- 共同……小規模開発住宅地など
- 公共……公共施設、公園、幼稚園、学校、病院など
- 団体……住宅団地、商業施設など

　上記の個人以外は専門の業者に維持管理を依頼するなど、大規模な維持管理を行うことになる。一方、個人所有の個人住宅または共同住宅などの小規模な植栽の維持管理は、所有者および居住者が維持管理にあたることになる。ただ、居住者の構成などは様々あり、それにより維持管理の能力や範囲などに違いが生じる。

1-5-2　個人住宅の維持管理で考慮すべき事項

　個人住宅における植栽の維持管理では、居住者の生活様式、家族構成、ライフステージ（年代）などを含めて「できること」「できないこと」を考慮する必要がある[注2]。維持管理計画を考える時に考慮すべき事項を次にまとめる。

注2　第4章では、ライフステージに合わせた植栽計画のケーススタディも取り上げている

A　維持管理者の暮らしや趣向
- 家族構成……家族の年齢構成（若年家族、壮年家族、前期高齢家族、後期高齢家族）
- 生活様式（ライフスタイル）……趣味（例えばアウトドア派、インドア派など）

●経年変化（ライフサイクル）……家族構成の変化、高齢化による管理能力の減衰など

B　維持管理者の能力

①技術力

●中木以上の樹木の剪定ができる

●中木以下なら剪定や手入れができる

②知識や経験

●樹木の生育や育成についての知識がある

●剪定すべき枝の判断ができる

●剪定の適切な時期や状態の見分けがつく

●土壌や生育環境の知識がある

●病虫害の対策や判断ができる

③体力・年齢による能力範囲

●高い所の仕事ができる、脚立に乗って作業ができる

●太い枝（10cm 以上）の剪定ができる

●脚立を使える範囲（低、中、高）

④維持管理に費やせる時間の範囲

〈年齢による例〉

●20 〜 30 歳代……子育てや仕事で、ほとんど時間にゆとりがない

●40 〜 60 歳代前半……庭や家のまわりに目がいくような時間が取れる、月に 2 回くらい半日程度の時間が取れる

●60 歳代後半〜 70 歳代……時間的ゆとりができ、週 1 回くらいは半日程度の時間が取れる

●80 歳代……庭の状況に応じて対応の時間が取れる。ゆとりがある

1-5-3　維持管理者の能力に応じた計画の必要性

　前述の「維持管理者の能力」で取り上げた①〜④の項目は、5 年〜 10 年またはそれ以上といった時間で変化していくので、その時点での状況に合わせて考えることが肝要である。そのうえで生活のパターンや管理能力のレベルを見計らいながら長期的な計画も考えておく。また、体力の変化とそれに伴う維持管理能力の低下は、その変化を経験したものでないと理解できないかもしれない。一般的に維持管理を目的とした実用書などにおける作業内容は、十分な体力がある場合を想定していることが多く、高齢化への対応についてはまだ認識が十分とはいえない。したがって、ここで検討をしてみたい。

　エクステリアの植栽の維持管理においては、経験、体力、技術力が、管理項目（作業内容）に大きく関係する。

　経験、体力、技術力に維持管理に費やせる時間的なゆとりを加えて、管理項目別に必要な能力をまとめると表 1-4 のようになる。

表 1-4　管理項目別の必要な能力（◎非常に高い　○高い　△中程度　×低い）

管理項目	経験	体力	技術力	時間的ゆとり
高木の剪定・養生	◎	◎	◎	◎
中・低木の剪定・養生	○	△	○	△
低木	△	×	×	△
草花（1、2 年草）	△	△	△	○
草花（宿根草、多年草）	△	△	△	○
芝	○	△	×	○
つる性植物	△	×	△	△

1-6　主たる維持管理作業者別の管理内容

　エクステリアの植栽の維持管理作業を行ううえで、誰がどのような作業を行うかによって、植栽の状況は大きく変わってくる。実際に作業を行う者の技術レベルを把握し、目的の植物の維持管理作業が可能かを見極める必要がある。これが不十分である場合、植物の状態を著しく損ねるおそれも出てくる。どの植物を誰が維持管理するかということと、その作業内容は、所有者である管理者が采配する必要がある。住まい手が自ら維持管理する場合も専門業者に依頼する場合も、現状を把握して適切な作業を計画的に行わなければならない。また、専門業者などに依頼する場合でも、業者によって技術レベル（水準）は異なるので、作業内容に応じたレベルの業者を選定する。その際に、把握しておくべき技術・知識のレベルを A・B・C に分け、作業開始時期、作業規模と内容、仕上がりの程度などを整理しておく。

〈作業者レベル〉

A 住まい手が行う場合……作業のレベルは様々で専門業者並みの技術を持っている人もいれば、初心者もいる。知識や技能に差がある場合が多い。

B ガーデンサービス業、人材サービス業など……作業の技術レベルは初心者から中級者で、主に軽作業（草取り、草刈り、植え付け）などの作業が可能。派遣される作業員によって、技術レベルは様々。

C 専門業者……造園業者やエクステリア業者などの植物に関する総合的な知識を十分に持ち、専門的な作業が行える。

〈作業開始時期〉

- 作業者レベル A：植物が茂ったり、病気や害虫が発生してから作業計画を立てようとする。
- 作業者レベル B：おおむね開始時期は見当がついているが、季節や年間計画を頼りに開始するため、手遅れになることが多い。植物の成長を見込んだ開始時期でないことも多い。
- 作業者レベル C：植物の成長や病気や害虫の発生時期を見越した開始時期を決定できる。

〈作業規模〉

- 作業者レベル A：比較的狭小な庭や玄関先、数本の樹木の管理は行える。自身が購入したものや、既存の樹木にかんしては、管理したいと思っている。
- 作業者レベル B：除草や簡単な剪定作業などを行える。個人住宅などの小規模の管理は行える。
- 作業者レベル C：個人住宅から集合住宅の植栽まで、あらゆる規模、植物の管理に対応できる。

〈作業内容の例〉

- 作業者レベル A：とりあえず必要な作業を行う。除草、芝刈り、一部の草花管理、低木管理、簡易な中高木管理、殺虫剤スプレーなど簡易な薬剤散布など。
- 作業者レベル B：快適に生活できる環境を考慮した作業を行う。除草、芝刈り、草花・宿根草管理、低木管理、簡易な中高木管理、施肥、薬剤散布など。
- 作業者レベル C：将来的な空間構成を計画しながら作業を行う。あらゆる植栽管理（除草、芝刈り、草花・宿根草管理、低木管理、中高木管理、病気・害虫対策、施肥）。

〈作業道具〉

- 作業者レベル A：鎌（かま）、園芸用鋏（はさみ）などの簡易なもの。安価なものを使用していることが多い。道具の手入れも悪く、錆びて使用できないこともある。箒（ほうき）などの掃除用具は家庭用の玄関掃き箒などを代用していることも多い。
- 作業者レベル B：鎌、鋏（剪定鋏、刈り込み鋏など数種）、鋸（のこぎり）、脚立、竹箒、熊手など、管理作業に必要な基本道具は持っていることが多く、適切な使用ができる。
- 作業者レベル C：よく手入れがされた道具類（研いだ鎌や鋏類、植物や剪定樹木枝の太さに合わせた刃物類、数種の鋸、脚立（三脚、段梯子など数種）、掃除道具類、機械類（バリカン、エンジン式の芝刈り機、チェーンソウなど）、車両（軽トラック、トラック、ユニック、高所作業車）など。

〈作業時間・作業効率〉

● 作業者レベル A：長時間の作業時間。作業順を理解していないため、作業効率が悪く、効率が悪い。小規模であっても長時間かかる場合もある。

● 作業者レベル B：作業時間は中程度。作業順を考慮して作業を行うため、作業規模が大きくない場合には効率よく作業することができる。

● 作業者レベル C：全体の作業規模から作業人員と作業時間を算出し、最短時間で作業を進めるための計画を立てて業務にあたる。作業エリア、作業内容、ゴミの搬出までを順番や仕事量に合わせて決定し、やり直しがないように行う。

〈仕上がりの程度〉

● 作業者レベル A：きれいではないことが多い。目についた所から作業するため、植栽空間全体の構成を考慮していない。植物単体で作業するため（例えば樹木を切る、草を取るなど）、仕上がりのバランスが悪い。芝刈りなどは、縁の処理や均一な刈り込み面などができていない。植栽においても枯れて地面が見えたらすぐにホームセンターなどで気に入った植物を購入して植えるなど、計画性があまりない。

● 作業者レベル B：ある程度の植栽空間の構成を考慮して行うため、作業後はきれいであることが多い。植栽も季節に応じた配植を行う。次回作業まできれいに保つことができる配慮に欠けることもある。

● 作業者レベル C：年間計画に基づき、先を見越して必要な作業を行う。常に植栽空間の構成とバランスを考慮しており、美しい仕上がりとなる。

〈次の管理計画（年間計画）〉

● 作業者レベル A：植物の成長に追われて、行き当たりばったりな管理を行うため、計画性があまりない。

● 作業者レベル B：季節と植物の成長に応じた年間管理計画を大まかに立てるが、インターネットや参考書に基づいた机上の計画のため、実際の植物生育に則した計画ではないことが多い。

● 作業者レベル C：正しい植物知識をもとに年間管理計画を作成できる。さらに、実際の植物生育や四季の変化に応じた管理を経験と情報、知識により柔軟に変更、修正して管理を行う。

第2章 植栽の維持管理のための基礎知識

植物の購入

成長に応じた植栽の維持管理

維持管理作業の内容と時期

病気・害虫への対応

施肥

植栽地の土壌

2-1　植物の購入

　エクステリアの植栽計画において植物を選ぶ場合には、計画地の環境をはじめ様々な要素を検討したうえで決定しなくてはならない。そして、実際に植物を購入する際には、流通経路などについても知っておくことは重要である。しかし、植物と一口に言っても多岐にわたり、それぞれについての購入方法や流通経路も異なってくる。

　ここでは、主に樹木、草花、芝類に分けて、材料として植物を購入する際の基礎知識や留意点についてまとめる。

2-1-1　樹木の購入

A　留意事項

　樹木は生産者、卸売業者、大型園芸店（量販店）、小売業者から購入できるが、最近はインターネット販売などで直接生産者からも購入できるようになってきている。一般的な流通経路を図2-1に示す。

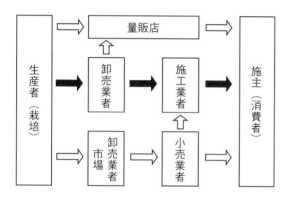

- ●生産者………畑、温室、ビニールハウスなどで植物を繁殖、栽培している
- ●卸売業者……生産者や市場より仕入れて小売業者、施工業者、量販店に卸している
- ●小売業者……一般消費者や施工業者に販売している

■▶　主な流通経路

▷　量販店や市場、小売業者などを含めた流通経路

図2-1　一般的な流通経路

　施工業者が植物を購入する場合は、注文する方法と、実際に樹木を見て購入する方法に大きく分けられる。注文する方法では、樹種、形状、樹姿（樹形）、株数などを決めておく必要がある。また、同じ樹種であっても花の色、葉色、株の雄雌などを選択する場合は、品種名や特性を正確に伝える。樹種は、植栽する地域の環境や気候の特徴、さらに敷地の中の植栽場所に適したものを選ばなければならない。

　地域の環境や気候の特徴については、気温、風、土質、日照時間などが手掛かりになる。

　植栽場所の条件については、日当たり、風通し、土壌の保水力、水はけなどがあり、植える樹種に適合するかを確認する。条件が合わないときは、土壌改良などの方法を検討する必要がある。条件の確認を行っておけば、もし希望の品種がなかったとしても、他の品種へ変更する際の条件が明確になっているので、スムーズに行える。

　樹木の形状寸法は、高さを樹高（H）、平面的な樹冠の直径を枝張り（灌木の場合は葉張り、W）、幹の太さを地上1.2mの部分で計測した周長を幹周（目通り、C）と表す（図2-2）。

　樹木は、幹の形状により単幹、双幹、株立ちに分類される（図2-3）。注文に際して、幹の形状を希望するときは、株立ち、幹数などを具体的に指定する。

　価格は樹種、形状寸法、樹形により大きく異なる。さらに、地域によっても価格が異なる。最近は生産者が一般消費者向けの直売所を設けたり、インターネット販売を始めるなど、購入方法の選択肢が増えている。

B　札（ラベル）表示の読み方と内容

　園芸店などで販売されている樹木には、品種名などが記載された札が付いていることが多い。生産者名や連絡先が書かれていることもある。白い札に手書きで品種名が書かれたもの、品種名と写真が印刷されたもの、さらにその樹木の特徴や維持管理、手入れ方法の注意事項などが印刷されたものなど、内

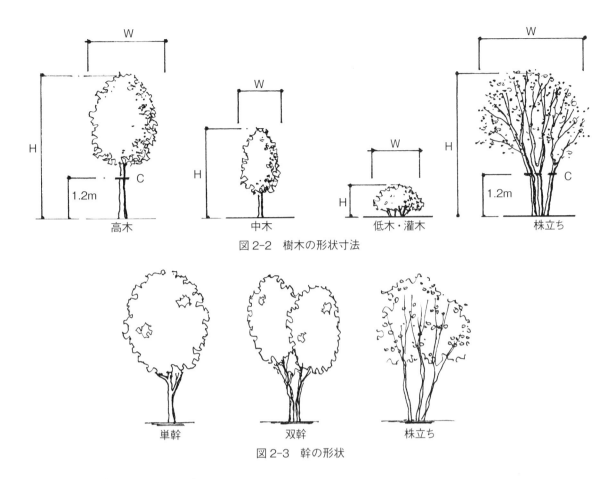

図 2-2　樹木の形状寸法

図 2-3　幹の形状

容は様々である（図 2-4、写 2-1）。

　樹木の購入や維持管理において参考になる項目としては、品名、品種名、科名、属名、原産地、落葉するか常緑か、高木・中木・低木・灌木など樹木の高さや形状、花期などのほか、ラベルの裏には商標登録や特許、育成者権に関するナンバーや営利目的での増殖が禁じられていることなどが記載されている場合もある。次に、よく使われる用語を挙げておく。

①耐寒性・非耐寒性

　植物の気温に対する耐性を表したもの。耐寒性は、0℃以下の低温に耐えることのできる性質のことで、一般的には、近畿から関東圏までの暖地の野外で越冬できる植物は耐寒性があるとされている。英語のHardy という表記も耐寒性を意味している。耐寒性がない場合は非耐寒性と表す。英語の Tender という表記も非耐寒性を意味している。その中間のものは半耐寒性ともいう。

②耐暑性・非耐暑性

　植物の温度・湿度に対する耐性を表したもので、日本の夏の平均気温・湿度（気温 30℃以上、湿度

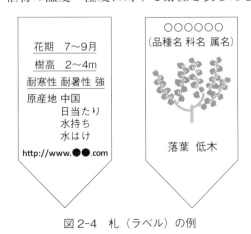

図 2-4　札（ラベル）の例

写 2-1　様々な札（ラベル）

80％以上）でも生育できる植物を耐暑性があるという。一方、非耐暑性は、日本の夏の平均気温・湿度では生育が難しいことをいう。

③陽樹・陰樹・中庸樹

日向を好む樹木は陽樹、日陰を好む樹木は陰樹、その中間の性質で日陰にもある程度適応する樹木を中庸樹と呼ぶ。日向は陽が1日中あたる環境、日陰は1日中ほとんど陽が差さない環境を指している。半日ほど日向、残りは日陰となるような環境は半日陰と呼ぶ。植物は好ましくない環境にもある程度は慣れることができるが、陰樹の葉に急に強い光が当たると、葉に障害が現れることがある。

④原産地

原産地は、その植物が自生する地域、発見された地域のことをいう。自生とは、その植物が栽培によらず自然の状態で生育すること。植栽場所の環境が原産地と大きく違うときは、例えば冬季の維持管理などの工夫や手入れが必要になる。

⑤品種登録番号

その品種の種子や苗の販売などを独占できることを示すもの。品種改良で作出された新たな品種については、種苗法による育成者権が育成した人に与えられる。また、植物にも育成方法などに特許があり、他人が無断で特許を利用した場合、損害賠償などの対象になることもある。

C　購入現場での注意点

①畑での注意点

施工業者あるいは消費者でも畑で樹木を見て購入する場合は、樹形・樹姿、根鉢の様子、病気や傷を意識し、次のような点に注意する（写2-2）。

〈樹形・樹姿〉

● 樹形・樹姿については全体的に調和しているかを見る。根元から梢（こずえ）の先端までバランスが良いか、幹の模様と枝の配置・長さのバランスは良いか、枝葉の密度や透き具合、植栽場所に適した樹形か、などを意識する。

〈根の状態〉

● 根鉢を見ることができる場合は巻き方としまり具合、水分の含み具合などに注意するとよい。樹齢から見る根元径の太さと根鉢のバランス（根鉢径は幹の根元の直径の4倍程度）なども意識しながら判断する。

● 根鉢の状態を知りたい場合は、生産者に仮植え年数を確認する。3〜5年がよい目安とされる。

写2-2　生産者の畑の樹木

写2-3　園芸店に並ぶ樹木

● ポットに入っている場合は、細根がポットの中で適度にはり巡っているかを確認する。

● ポットの周囲と底を見て細根の状態を確認する。しっかりと細根が張っているのが良い状態で、植え傷みが少なく、手入れも少なくてすむ。

● ポット内で細根が張っていないものはまだ植え時になっていない状態。逆に、太い根しか見えないような状態は植え時を過ぎているので、よく確認する。

〈気病・害虫・傷〉

● 枝葉や幹に虫痕や傷がないかを確認する。

②店頭での注意点

　園芸店などの店頭では、ほとんどの樹木がポットや鉢で販売されているので、樹木を近くで見て検討し、その場で購入することができるが、次のような点に注意する（写2-3）。

● 仕入れてから店頭に長く置かれていたものは、伸びた根が鉢の中で一杯になり、固く巻いて土も減り、弱っていることがある。鉢底の水抜きの穴から、根が伸びているものは、購入を控える。

● 店頭に置かれている間に害虫がつく可能性もあるため、購入するのは入荷後すぐのものが望ましい。

● 入荷日とその店舗の取り扱いの範囲を確認する。

2-1-2　草花の購入

A　留意事項

　草花は、品種や色、形などを確認のうえ、植え付けに必要な株数を決め、ポットの号数を考慮して購入する。草花も生産者、卸売業者、園芸店などで注文する方法と、実際に見て購入する方法がとれる。

　園芸店などでの注文は、取り扱い品種に限られることが多く、希望の品種や株数がそろわないこともあるので、注意が必要となる。

　施工業者が購入する場合で品種の指定や数がまとまっているのであれば、直接生産者に問い合わせる。生産者は、多品種を生産している場合と、品種を絞って栽培している場合があるので、複数に照会するのが一般的である。品種を絞っている生産者は、その地域の気候、土壌に合ったものや、使用目的が特殊なものなど様々であるので、目的にあった生産者を見つけることも大切である（写2-4）。

　草花は、生産者や品種によっては地掘りのものもあるが、ほとんどはポットで販売されている。ポットの寸法は2号〜4号が主流（1号は1寸＝約3cm）。近年、寄せ植え用に径の小さいポットで小さい苗も販売されている。

写2-4　生産者の畑の草花

　小売店では1ポットから購入できるが、店頭に長く置かれると害虫がつく可能性もあるため、購入するのは入荷後すぐのものが望ましい。

　生産者や卸売業者では、ある程度まとまったポット数で取引されることが多い。市場の仲卸業者には、それぞれの販売数量の単位と購入方法があり、各業者に確認してから購入する。

B　札（ラベル）表示の読み方と内容

　樹木のところでの説明（2-1-1 B [p.26]）に準じるが、草花特有の表示として多年草（宿根草）と一年草、二年草がある。花色、草丈などはその草花が最盛期を迎えた時のことが書かれている。植え付けの適所や灌水の頻度、肥料の加減のような栽培関連の項目のほか、ハーブには香りを楽しむもの、食用などの活用方法が書かれていることが多い。さらに、その花の謂れや伝説、花言葉などがあれば生活を楽しむためのヒントにもなるだろう。

　良い苗を入手できたときは、苗の生産者や生産地を記録しておくと、次の購入の際の参考になる。

C　購入現場での注意点

　草花は多年草（宿根草）と一年草に分類されている。植栽後の維持管理方法が違うため、一年草と宿根草の両タイプがあるものは、購入の際に混同しないように札（ラベル）などで確認する（例：カスミソウ、ネメシア）。札（ラベル）に記載がない場合は、販売員などに確認した方がよい。

　健康で良い草花を見分けるための目安としては、次のようなものがある。

〈草姿〉
● 株の全体を見て、茎葉の色が薄れておらず、根元が太くてぐらつきのないもの。
● 節間が間延びしていないもの。
● 花柄と蕾が安定して、生き生きとしていると感じるもの。

〈開花株〉
● 数輪ついた花の大きさがバラバラでないもの。
● 長期間楽しむためには、これから咲く蕾が多いもの。
● 花茎の切り取りの跡がなるべく少ないもの。
● 花数が多くても、全体に茎が長く、色が薄くて節間が間延びしていたり、茎や葉が少ないものはさける。

〈根の状態〉
● 根鉢については樹木と同様、細根がポットの中で適度にはり巡っているかを確認する。
● 根の状態を確認するためには、指でポットの土を少し押して、硬さなどの感触を確かめる。

　害虫については、枝葉や茎に虫痕がないか、また、葉の裏や蕾、新芽、ポットと根鉢の隙間、根元に溜まっている枯葉の下、ポットの底の穴の辺りなどが虫の居場所になりやすいのでよく見る。鉢底にはナメクジが付きやすい。

　病気は葉の変色、花、茎や葉や根の様子に気をつける。代表的なものとして、うどん粉病は葉の表面に白い粉のようなものが付き、灰色カビ病は花弁に斑点のようなシミが発生する。

2-1-3　芝類の購入

A　留意事項

　芝は植栽される地域、気候に対する適応性に違いが出る。さらに、流通や保管、販売時にも、乾燥と蒸れに弱いので傷みやすい。植栽地域に適した品種選択と荷受けまでの段取り、荷受け後の手際の良さが重要になる。

　住宅の庭によく使用される品種はヒメコウライシバで、ビロードシバなども含めて総じて和名で「芝」と呼んでいる。一方、日本芝と西洋芝に分けて呼ぶ場合は、日本芝（通称は夏芝、冬は淡褐色に枯れる）は暖地性で地下茎や匍匐茎で生育し、西洋芝（通称は冬芝、冬も緑を保つものが多い）は寒地性で種子

によって増えるという違いがある。

　生育適所は日照と通風、弱酸性の土壌で、必要な日照は1日5時間程度、特に午前中の日照がよいとされる。根は地下20〜60cmまで伸び、排水が悪い土地、地下水位の高い土地は生育に適さない。条件の悪い場合は、土壌改良を考える必要がある。

　土は弱酸性がよく、日本芝ではpH（水素イオン指数）6.5（5.5〜7.0）、西洋芝のバミューダグラス系やベントグラス系はpH5.5〜7.5、ライグラス系とブルーグラス系ではpH5.5〜8.2で、西洋芝は弱アルカリ性にも適応性がある。

　住宅のエクステリアにはヒメコウライシバ、コウライシバなどの日本芝が使われることが多い。西洋芝は高温多湿に弱く、維持管理が難しいため利用は少ない。西洋芝は次の4つに大別される。

● ベントグラス系……日本に野生しているヌカボ属の仲間。ゴルフ場のグリーンによく用いられる。
● ブルーグラス系……雑草スズメノカタビラと同じくイチゴツナギ属の多年草。ケンタッキーブルーグラスなど。
● バミューダグラス系……ギョウギシバ属、夏に成長し、冬は休眠して地上部が枯れる。耐潮性があり、乾燥や踏圧に強い。生育旺盛なので芝刈りの頻度が高くなる。良い状態を保つには他の品種より維持管理に手間がかかる。ティフトンなど。
● ライグラス系……ホソムギ属、日本には自生がない。成長が速く一時的な芝生として他の西洋芝と混用される。ペレニアルライグラスなど。

B　購入における注意点

　芝の産地は茨城、鳥取、鹿児島、宮崎、熊本などが主で、生産者、ホームセンターなどの小売店で購入できるほか、芝生生産組合の直販や生産者の代理店として通販業者が販売するところもある。産地直送の場合は、流通による芝の痛みが少ないが、芝には重量があるので運送料が高くなる。季節によりクール便（低温度帯で管理した運送）を使う場合なども運送料に違いが出てくるので、購入前に確認した方がよい。購入は、切り芝かロール芝となる。

● 切り芝……産地から長方形に切り出したマット状の芝でソッド（sod）ともいう。約30cm角の切り芝を9枚から10枚束ねたものを一単位として扱うが、大きさは産地によって異なり、購入前に確認する。茨城産であれば35×26cmの長方形の切り芝が10枚で1束になっている。1束1m²相当で計算するが、張るときの目地幅によって枚数は変わる（表2-1、写2-5、6）。

表2-1　産地による切り芝の規格

産地	長さ (cm)	幅 (cm)	1束の枚数	1束の面積 (m²)
茨城	35	26	10	0.91
鳥取・九州（鹿児島・宮崎）	37.1	30	9	1.0017
九州（熊本）	33.4	30	10	1.002

写2-5　ヒメコウライシバ1束

写2-6　ヒメコウライシバ張り

● ロール状の芝……2ロール（巻き）で1m²。1ロールは37×135cmが標準。切り芝よりも乾燥しにくく、植えてからの養生期間も短いが、目地がないために同一面積当たりの価格は切り芝より割高になる。

切り芝もロール芝も蒸れやすいので、購入後は一刻も早く広げ、状態を確認、風を通す、養生するなどの処置をする。

購入後は品質保持のために、できるだけ早く植えるようにする。購入にあたっては雑草が混入していないもの、害虫のついていない均一な厚さのものを選ぶようにする。

芝を張る最適期は春だが、秋にも張れる。ただし、張り方、目地の埋まり方が違ってくる。秋に張る場合は、春に張る場合よりも目地幅を詰めて張る方がよい。

2-2　成長に応じた植栽の維持管理

エクステリアの植栽は工事完了後も、計画、設計で意図された目標とする風景、空間づくりにむけて適切な維持管理を行う必要がある。

維持管理には剪定や除草など、あらかじめ年間の管理内容や回数を決めてスケジュール通りに行う確定型管理（定期的管理）と、草花や樹木が伸びたらその状況に合わせて適宜、除草や剪定などを行う順応型管理（順応的管理）がある。ここでは、定期的管理について述べていく[注1]。

注1　本節で述べる切り戻し、切り透かしなどの剪定方法については、「3-1-3 樹木剪定の方法」（p.64）を参照

2-2-1　定期的な維持管理

植え付けられた植物が、順調に成長するためには、一定の年月を要する。このため、維持管理の前段階から適切に活着させる養生管理を行い、次に設計趣旨に沿った状態まで導いていく育成管理を行う必要がある。その後は、植物の成長にあわせて姿を整え、枝葉の密度を調整する剪定・整姿などの抑制管理を定期的に行う。さらに、大きく成長しすぎたり姿のくずれたものを仕立て直す再生管理も必要に応じて行う（表2-2）。

表2-2　植物管理の段階

管理の段階		管理の内容
誘導管理	養生管理	確実な活着を促すための管理で、灌水や支柱等の養生が主体
	育成管理	設計意図としての目標状態まで育てる管理
維持管理	抑制管理	目標状態の大きさ・形状・密度を保つ管理
	再生管理	過大となったもの、姿の乱れたものなどを仕立て直す管理

出典　『改訂26版 造園施工管理 技術編』日本公園緑地協会、2011年

A　養生管理

養生管理は、土地に植えられた植物を自立活着させるために行う。強風、乾燥、低温、栄養不足などに対して支柱設置、幹巻き防寒ネット、マルチング、灌水、遮光ネット、除草などの養生を行い、早期に発根を促して確実に活着させるための管理をいう。

B　育成管理

育成管理は、養生管理期間が終わって植物が活着し、生育しはじめてからの管理で、植物の高さ（丈）、植物の枝（茎）や葉の密度が増してくる段階から健全に育つように誘導する。光合成を促進させ、太い幹や枝（茎）張りに成長させるために育成する管理である。この時期以降、自然形として育成するか、抑制形にするか、どちらかに決定する。

C　抑制管理

抑制管理は、植物が目標とする高さ（丈）や枝（茎・葉）となった時から行う管理で、その植物が持つ特性を保ちながら、趣や味わいが増すように、剪定や刈り込みにより一定の大きさや姿を維持する。

成長に伴い枝葉が繁茂して過密となることで枯損することもあるので、密度も考慮しながら、花や実の量、幹、枝、茎の太さやバランス、背景や隣接の植物などに配慮した抑制管理を行う。

D　再生管理

再生管理は、植物の大型化、枯れ、衰弱、乱れた姿などの状態を改善し、想定した姿に仕立て直し、再生させていく管理。また、状況に応じて管理方法の見直しも図る。

2-2-2　植栽直後の維持管理（養生管理）

エクステリアの植栽の維持管理は、外構、庭の施設などが完成してから始まる。最初の目的は、植え付けた植物の発根を促し、活着させ、成長させることである。

A　灌水（水やり）

植物の発根、活着、成長のためには、水分を切らさないことが重要である。植栽時期や土の状態にもよるが、植栽直後 2 ～ 3 週間ほどは毎日灌水を行い、その後は 1 週間に 2 ～ 3 回の灌水を行う（ただし、降雨日は除く）。休眠期以外であれば、1 カ月以上経過すれば、毛細根が多数発根するので、その後 2 ～ 3 週間は、表土が乾いて白くならない程度の頻度で灌水を行う。

B　表土の保護

極端な乾燥を防ぐため、腐葉土、ピートモス（泥炭土）、ウッドチップ、バークチップ、ワラなどの有機物を散布、敷設して、地表面を養生する（写 2-7、8）。養生することで土中の水分の蒸発を防ぐことができ、灌水の回数を減らすことが可能になる。有機物を用いることで小昆虫や微生物・菌類の繁殖を促すことができ、土壌改良に繋がる。

写 2-7　木材を砕いたウッドチップ

写 2-8　ウッドチップの一種で、樹皮を砕いたバークチップ

C　成長の観察（季節の変化も意識する）

植栽直後から 1 カ月、2 カ月、3 カ月～ 6 カ月における植物の状態の変化を観察する。例えば次のような点に注意して観察し、状態の悪い場合は設計者や施工業者、専門家へ相談する。

- 枝先や葉の付け根（葉柄）を注視し、新芽が発芽しているか。
- 細い枝の表面が瑞々しく、活気があるか。また、幹、枝の表面が乾いてしわとなっていないか。
- 落葉していないか。あるいは、落葉せず、葉の色が黒く変色して枝に付いたままでいるか。
- 葉のない枝の数が多い、あるいは、少ないか。
- 葉の色やツヤの状態は良好か、あるいは、不良か。
- 土の表面は乾いているか、湿っているか。

D　剪定、刈り込み

植物の根が順調に活着し、枝の伸長が進んで繁茂が見られたら、伸びた枝の切り詰めや、徒長枝を抜く。灌木や生垣などの場合は、樹木の輪郭を整えるために、軽く刈り込みを行う。

2-2-3　植栽後1〜3年の維持管理（育成管理）

　植物の種類や性質によって差があるが、一般的に1〜3年程度で活着から定着期となる。活着とは、植え替えた苗や挿し穂などが、その場所で根を生やして生育し始めることであり、定着とは植え付けた場所にしっかりと根付き、安定した状態にあることを指す。

A　下草類（草花、地被植物）

　草花や地被植物は、一般に植え付け後1年で定着する。ポット栽培物の下草類は植え付ける時期にもよるが、一般に植え付け後1〜2カ月で活着し、6カ月〜1年経過すれば定着したと考えてよいだろう。下草類は2年目から少しずつ繁殖して植栽範囲も広がり、葉の密度も増して緑が濃くなる。3年以上になると植栽範囲が拡大するので刈り込んだり、間引いたりすることなどが必要になる。

B　花壇の草花

　ポット栽培物の一年草、多年草の草花類を植え付ける場合は、植え付け後1〜3カ月で活着ならびに定着する。ポット栽培物以外の多年草の草花類では、植え付け適期であれば1〜6カ月で活着ならびに定着する。

　球根類は、適期に植え付ければ1〜2カ月で発根し、2〜5カ月で発芽して定着する。ポット栽培物であれば1〜2カ月で活着ならびに定着する。

　植え付けた一年草、多年草の草花類は、植え付け後に灌水、施肥、花がら摘みなどの適切な維持管理が必要になる。球根類も種類によっては植え替えや補植が必要で、施肥や灌水、風除養生などの維持管理を行うことになる。

C　低灌木

　低灌木類は植え付けてから1〜6カ月で活着し、2年程度で定着する。低灌木類は根系が地表の近くにあり、浅い根の種類が多いので中高木に比べると乾燥に弱い。夏季前には地表に落ち葉や腐葉土などの有機物を与えるとよい。また、灌水などは乾燥期に注意する程度でよい。

　花灌木類の多くは夏季〜秋季にかけてが花芽形成期になるので、この期間は特に注意をして維持管理する。

　植え付け後2年目から少しずつ枝葉の数も増し、枝も伸びるので軽い刈り込みが必要になる。寄せ植えの場合は互いの枝が交差して密になるので、軽い透かし剪定を行うのがよい。

D　中木

　中木類は植え付けてから一般に6カ月〜1年で活着し、3年程度で定着する。

　植え付け後、地表面が白く乾燥するような日が続く場合は十分な量の灌水を行い、地中に水が浸み込むようにする。1度でも乾燥しすぎて根が乾ききると、生育しているように見えても、健全な状態に再生するには3年以上かかることもあるので注意する。

　中木類は、庭の景観構成に重要な樹木となる。中木類の剪定は樹冠の密度を粗くし、葉数も少くする透かし剪定を行う。中木は株立ちになりやすいので幹の本数を少なくし、すっきりとした枝ぶりにする剪定が好ましい（図2-5①②）。

E　高木

　高木類は植え付け後6カ月〜1年で活着し、3〜5年程度で定着する。

　灌水は中木類と同じで、乾燥期の水やりに注意する。特に乾燥している時期は昼夜を通して散水用ホースを置いたままにして少量の水を出し続け、長い時間をかけて地中に浸み込ませる灌水方法を行う。この灌水方法は蒸散が少ないので、地面が乾きにくくなる。

　植え付け後3年程度経過すると若い木は新梢が強く出てくるので、剪定が必要になる。梢の枝が1m以上伸びた時は、樹形を大きくしたくても、梢を半分位に切り詰めるとよい。そうすると枝数が増えて、その後の剪定もやりやすくなる（図2-5③④）。

①自然樹形を切り透かす軽剪定
（樹形を小さく保つ場合、落葉樹）

②自然樹形の切り戻し、切り透かし
（伸びすぎた樹形を小さくする）

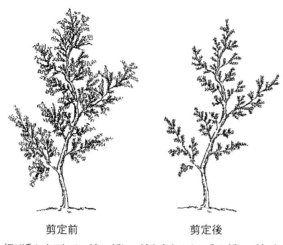
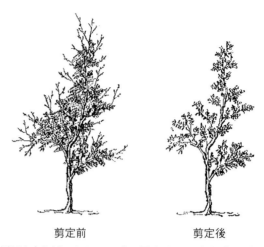

剪定前　　　　　　　剪定後

剪定前　　　　　　　剪定後

切り透かすことで、懐に新しい枝を出させる。その新しい枝が成長した後に、樹姿を小さくするために長い枝を切り戻す

樹形を小さくするためには、切り戻すだけではなく、切り透かしをして樹姿を整える

③徒長した新梢を切り詰める

④曲幹の仕立てもの
（細かい新梢を切り詰めて樹姿を整える）

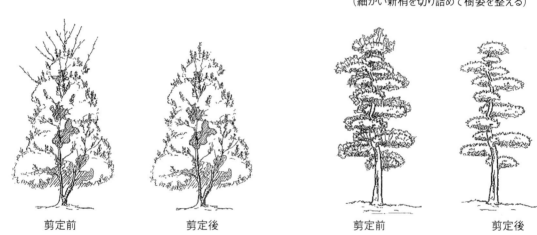

剪定前　　　　　　　剪定後　　　　　　　剪定前　　　　　　　剪定後

図2-5　樹木の剪定前と剪定後

2-2-4　植栽後4年目以降の維持管理（抑制管理、再生管理）

　植物の生育が安定し、繁茂してくるなかで維持管理を怠ると風通しや日当たりも悪くなり、樹形なども乱れてくる時期になる。この時期は次のような維持管理を行う。

A　下草類

　植え付けた時よりも繁殖することで植栽範囲が広くなるため、下草の種類によっては樹木の根元まで侵入する。景観を乱さないためには調整が必要となる。

　具体的には、下草類の株が密になるので、株分けして植え直ししたり、株を間引きして再生を図る（写2-9、10）。黄変した葉、汚れた葉、傷ついた葉、病気に侵された葉などは除去することで風通しを良くして、健全な姿に戻す。

　また、株分けや間引いた後に土を耕起することで硬くなった土を軟らかくするような土壌改良を行い、周囲の環境を改善させる。

B　低灌木

　低灌木は刈り込みなどによって維持管理される場合が多く、必然的に枝の先端の同じ場所で切断されることが多くなるため、枝の先が団子状（コブ状）になりやすい。このような状態になったら、枝の塊

写 2-9　株分け前

写 2-10　株分け後

を切り抜いて、明るくする切り透かし剪定が必要となる。毎年刈り込まれると、樹冠の外周部分の枝が密になるが、中央部は枯れ枝が多くなるので、中央部の枯れ枝を取り除いて風通しを良くする。植え付け後 4 年を経過すると、樹冠が 10 〜 20cm も大きくなるので、切り透かし剪定を行うなどして樹冠や景観を保つことも必要になる。

　春咲き花木類では、開花時期が終わるころから 1 〜 2 カ月以内のうちに枝を剪定すると翌年の花芽ができやすく、翌年も多くの花を楽しむことができる。

C　中木

　中木も植え付け後 4 年を過ぎると成長が急に激しくなり、梅雨時期にはうっとうしく感じるほど繁るので、本格的な維持管理が必要になる。伸びた枝を切り詰めるだけではなく、4 年ほどかかって伸びた枝を抜いて透かし、樹形を整える剪定を行うと風通しや日光の入りも良くなる。

D　高木

　植え付け後 4 年を経過すると樹高が高くなり、枝張りも広くなって密度も増す。多くの場合、樹高を低くしようとして枝の先端を切り詰めようとするが、先端を切り詰めるだけだと、翌年はさらに枝数が増えて密になる。それを避けるための効果的な方法は、植栽後に伸びた枝の切り戻し、切り透かし剪定を行って、樹形を整えることである。

　高木は庭の主木・シンボルツリーとなる木であるため、全体の樹木の中で最も樹高を高く維持するように管理すると、全体のバランスも良くなる。その他の樹木は徐々に低くし、枝数も少なくすることで、全体をほどよい明るさに保つことができ、下草や草花も育つ環境が整えられる。

2-3　維持管理作業の内容と時期

　植栽の維持管理における作業には、一般的に剪定や整枝、病気の予防や害虫駆除、除草や草刈り、施肥や灌水などがある。ここでは、それぞれの作業内容と作業時期、および必要な道具などをまとめておく。

2-3-1　作業分類と内容

A　剪定・整枝

　樹木の成長に合わせた剪定・整枝作業は樹木の負担を軽減し、健全な生育を促す。日照や通風の改善を図ったり、樹冠を保つことで周囲との景観の調和を図る目的でも剪定・整枝作業は行われる。

B　病気の予防と害虫駆除

　植物の健全な生育を促すために必要な病気の予防、あるいは、その原因となる害虫の駆除などの対策は、剪定や薬剤散布などによって行う。

C　除草や草刈り

除草は、植物にとって日照や通風を確保し、栄養分の摂取を促進させて病気の発生をおさえ、美観を維持することを目的としている。

雑草にも様々な性質のものがあるので、雑草の種類を知ることが大切である。一年草の雑草は、春に発芽して冬に枯れる夏草と呼ばれるものや、秋に発芽して夏に枯れる冬草がある。一般的に、除草は結実する前に行うのが効果的とされている。

この他、除草ではなく、植栽地の景観を向上させるために雑草を刈り込むこともある。また、芝のように定期的に刈り込む（芝刈り）など、健全な生育と景観を向上させるために行う作業もある。

D　施肥

施肥は、植物の生育促進や活力を強化する目的で行われる。ただし、植栽後1〜2年未満、あるいは健康に生育している樹木には、基本的に施肥の必要はない。一般的に庭の中で健全に生育しているということは、土壌や生育環境の条件が良いことを示しているからである。

E　灌水

灌水とは、庭木などの植物に水を与えることをいう。植物は根から吸収する水分よりも、葉から蒸散する水分が上回ると萎れ、枯死に至る場合も考えられる。植物に水を与えると、地中の根を通して植物体に吸収され、葉からの蒸散や葉温の調整を行う。植物に水分を効率よく吸収させるためには、適した時間に灌水を行うことが重要といえる。

2-3-2　樹木の剪定・整枝の作業時期と内容

A　作業時期

一般的に樹木類の剪定や整枝の時期は、その年の天候や気温、樹種や植栽の状況により多少異なり、剪定・整枝の方法、維持管理も変わってくる。誤った剪定・整枝を行った場合は、樹木が枯死したり、花木類であれば花がつかなくなることもある。

中高木の剪定・整枝は、落葉樹であれば概ね冬季と夏季に行い、常緑樹は初夏から晩秋にかけて行う。冬季に花芽をつける灌木は、花が咲いた後に剪定・整枝を行う。

B　作業内容

樹木の剪定や整枝の作業内容は概ね、樹木の最も高い部分の頂枝を一つにした後、最初に混み合った枝や不要枝を切り詰めて整理し、次に樹冠を乱す枝を切って行く。また、病気や害虫の被害を受けた枝、樹幹を衰弱させる徒長枝、幹吹き、逆さ枝、からみ枝などを剪定・整枝し、強い枝は短く、弱い枝は長く残して切るなどの作業を行う。

C　道具・器具

●剪定鋏

樹木の枝や草花類の太い茎などを剪定するための鋏。太い枝を切るためのもの、奥まった所まで届くように刃先が細長いもの、切り花用に兼用できるものなど、各種の剪定鋏がある（写2-11）。

剪定鋏は、自分の手にあった大きさや耐久性に優れたものを選ぶとよい。剪定鋏の価格は高いものから安いものまで様々だが、一般に価格の高いものであれば耐久性や切れ味に優れているといえる。使用後の剪定鋏は、付着した樹液や汚れをきれいに洗い落とした後、乾いた布などで水気をふき取る。切れ味が悪くなったり、刃こぼれを起こした時は、剪定鋏を分解し、砥石で砥ぐなどの対処をする。

●刈り込み鋏

生垣の刈り込みなどで、広い面積や範囲を整える作業に用いる刃と柄の長い鋏で、両手で使用する（写2-12）。太い枝を切るのには適さない。刈り込み鋏は、刃や柄の長さ、素材の種類などによりいくつかの種類がある。刃の素材は刃物鋼（ハガネ）、ステンレスなどである。柄の素材は木製、アルミなどが

写2-11　剪定鋏

写2-12　刈り込み鋏

あるが、アルミが軽量で扱いやすい。作業用途により使い分けるとよい。使用後の手入れ、メンテナンスは剪定鋏と同じ。

● 高枝切り鋏

手が届かない高い場所の枝を切るのに使う鋏をいう。手動式、電動式、柄を伸ばすことができる伸縮式のものや、鋸付きなどの便利な機能を持った様々な種類の鋏がある。ただし、機能付きの鋏は重くなるので、作業性を考慮した使いやすい鋏を選ぶようにする。

アルミ製の鋏は、軽量で作業しやすく、疲れにくい利点がある。使用後の保守管理は、前述の剪定鋏と同様になる。

● 剪定用鋸

剪定用鋸は樹木のような生木を切るので、大きな鋸屑などが鋸目（鋸の歯）に詰まりやすいが、詰まらないように歯が深くなっていたり、何目かごとに歯をより深く付けるなどの工夫がなされている（写2-13）。また、枝の間に差し込めるように、鋸の身幅が狭くなっているものなど、様々な形や大きさがある。作業箇所や用途に合わせて使いやすい鋸を選択する。

一般的に、切れ味が悪くなった鋸は、目立ては難しいので、刃を交換する。

● 電動鋸

電動鋸とは、電気の力で刃を動かす仕組みの鋸のことをいう。レシプロソー（セイバーソー）などと呼ばれ、充電式とコード式がある。太い幹や枝を切る時や、広い範囲の植え込みや生垣などの剪定には、電動鋸の方が、手で扱う剪定用鋸に比べて作業も楽で早くできるので、選択肢の一つになる。

電動式は剪定用以外にも、草刈り機、ヘッジトリマー（剪定バリカン、生垣バリカン）、高枝切り鋸などがある。

● 生垣トリマー

生垣剪定用の電気バリカンでヘッジトリマーとも呼ばれている（写2-14）。コードレスの充電式とコード式があり、草刈りにも使える。重量が軽いので、壁際や低い所での作業が安全に効率よくできる利点がある。

● 脚立

脚立には様々な種類がある。普通の工事用の脚立は前後2本ずつの4脚だが、剪定する際には剪定用の三脚（足置きのある両側2本の主支柱と後ろ支柱の計3本の構造）を利用するほうが作業性がよい（写2-15）。後ろの支柱を枝葉の中に差し込めるので、木に近づいて作業をすることができる。脚の長さがそれぞれ変えられる脚立は、段差がある場所でも安定するので安全性も高い。

脚立の脚の底面は通常、平らになっているが、中にはスパイク状になっているものがある。スパイク

写2-13　剪定用鋸

写2-14　生垣トリマー

写2-15　脚立の使用

が地面に埋まり、脚立がぐらつきにくくなる。

　剪定用の脚立は、ほとんどがアルミ製なので軽く、移動の負担を軽減できる。高さは、低いものから高いものまで何種類もあるので、庭木の高さや、安全に作業できる高さの脚立を選ぶようにする。

〈掃除道具〉注2　注2　他の作業とも共通

● ブロアー

　ブロアーは、動力を利用して強い風を噴出することで、落ち葉や塵を広範囲で吹き飛ばし、一カ所に集めるための器具をいう（写2-16）。充電式のハンディタイプのものが使いやすい。箒の入れにくい、入りくんだ植栽地では利用価値が高いといえる。

● 熊手

　熊手は、落ち葉や枯れ芝、刈った草などをかき集めるのに用いられる（写2-17）。形状（大きさ）・材質も様々なので用途に合ったものを選ぶようにする。プラスチック製の熊手は軽量で丈夫なので扱いやすいが、とても柔らかいのでかき集めるものや量によっては使いにくい場合もある。竹製のものは程

写2-16　ブロアー（左）と電動鋸（右）

写2-17　熊手、箒、手箕

よい硬さでかき集めやすく、使い勝手もよいが、プラスチック製に比べるとやや耐久性に欠ける。この他、アルミ製やステンレス製の熊手も販売されている。使用後は洗って汚れを落としてから乾かし、雨の当たらない場所に収納する。

● 箒

　箒は、柄の長さ、素材、形状なども様々で、用途に応じて使い分ける。柄の長いものは広範囲を掃くのに適している。柄の短いものは塵取りに塵を入れるのに適しているが、腰をかがめての作業になるので、長時間の作業になると腰への負担がかかる。

　柄の長い竹箒は広範囲で落ち葉などをかき集めるのに適している。その他の天然素材のものでは、柔らかいものは細かい砂や土埃を掃き取るのに適しており、硬めのものは落ち葉や砂利を掃く時に重宝する。化繊素材のものは腰がしっかりしているので重量のある塵を扱う時に利用する。

● 塵取り・手箕

　取っ手のついた塵取りは移動しながら使用するのに適している。手箕（塵を取り除くための容器）は多量の落ち葉や雑草などを集めるのに使用する。材質は、以前は農作物に付着した不要な塵を振るい落とすために使われていたので竹製が主流であったが、現在では、穴のないプラスチック製が主に利用されている。泥など汚れが付着したときは、水で洗い落としてから収納する。

● トンバッグ・フゴ（ごみ収納袋）

　トンバッグとは、物を入れて運ぶ用途で用いられ、耐荷重は 1t のものが多く「1 トンバッグ」から「トンバッグ」と呼ぶようになったと言われている。トンバッグの正式名称は、フレキシブルコンテナバッグのことで、一般にフレコンバッグと呼ばれる。ポリエチレンやポリプロピレンなどの合成繊維で作られているので丈夫で軽い。折り畳み式で、封筒型や丸型もあるが、現場で広げて自立する使い勝手の良さから角型が多く用いられている。さらに、取っ手付きなので、剪定した切り枝や枯葉などを大量に収納して運ぶことができる。

　フゴとは、庭作業で発生する落ち葉や塵などの収納を目的に用いられ、折り畳みもできる塵袋。ガーデンバッグとかガーデンバケツなどとも呼ばれている。底面が 40 ～ 60cm × 45 ～ 70cm 程度の大きさで自立する。

2-3-3　病虫害防除の作業時期と内容

A　作業時期

　病虫害の防除にあたっては、病気や害虫、植物の種類、目的により適切な薬剤を決める。

　薬剤（化学薬剤、自然薬剤）の主な散布時期は、新芽の発芽時期前、害虫の活動および繁殖の旺盛な時期となる。さらに、春先から秋にかけて継続的に行うことで効果を上げることができる。

B　作業内容

　病虫害防除あるいは害虫駆除のための薬剤の散布にあたっては、散布時の服装（マスクや手袋、長袖、長ズボン、長靴、眼鏡など）に着替え、散布場所の周辺の状況（通行人やペット、洗濯物、川や池など）を把握し、風の向きや気温、天候などを見定めてから作業に入るようにする。

　薬剤には天然成分と化学合成成分のものがあり、化学合成薬剤は即効性、持続性のあるものが多い。一方、天然成分のものは環境への影響が少ないが、持続性のないものが多いので複数回散布することになる。

　薬剤は、防除または駆除したいものが害虫か病気かにより、殺虫剤、殺菌剤、殺虫殺菌剤などの中から選択する。病気であれば予防か、治療かによって薬剤も違ってくる。殺虫剤も接触剤や誘引剤、浸透移行性剤などの用途別から選択する。また、薬剤には薄めたりせずにそのまま使用できるエアゾール剤、スプレー剤、粒剤、ペレット剤などや、水に薄めて使用する水和剤、水に溶かす粉状製品がある。散布

写2-18　背負い式噴霧器

する部分や面積、効果（即効性、遅効性など）を考えて選択する。

　薬剤を決めた後は、その薬剤に記載された、対象植物や対象害虫などに合わせた希釈倍率や使用時期、使用回数を守って散布することが重要となる。使用方法を誤ると薬害が出たり効果が得られなかったりすることになる。

　水に薄めて使用する薬剤は、噴霧器やスプレー容器に入れて散布する。散布前後の半日位は雨の降らない時を選び、風のない涼しい時に散布を行う。薬剤は、散布後に余らせて廃棄することがないように適量をつくり、使い切るようにする。やむを得ず残った薬剤は、毒物劇物でなければ水で薄めて土の中に廃棄するようにし、下水や川、池などには流さない。

　病気や害虫の種類により、薬剤の種類や薬剤の使用濃度や回数などが異なるが、概ね、7〜10日に1回程度の散布が効果的である。

C　道具・器具

●薬剤噴霧器

　噴霧器には、小容量から大容量まで、小型から大型まで、手動式や電動式など様々な種類があるので作業場所の大きさに応じて選ぶようにする。

　家庭用（小規模用）には比較的小型な手持ち式、肩掛け式、背負い式などの噴霧器があり、手動蓄圧式と電池式がある（写2-18）。蓄圧式は圧力がなくなるたびにピストンで加圧する必要がある。電池式はそのような手間がかからないが、作業中電池が切れると作動しなくなるので、予備の電池を用意しておく必要がある。

　広範囲で長時間の使用には充電式やエンジン式の大容量の噴霧器が便利だが、容量が大きいぶん重量も重いので、台車に乗せて移動することになる。

　使用後は、噴霧容器・噴霧ノズルともに薬剤が残らないようにしっかり洗い流す。

　薬剤には様々な種類があるが、殺虫剤、殺菌剤には除草剤と同じ噴霧器を使用せず、それぞれ専用の噴霧器を用いるようにする。

2-3-4　除草・草刈りの作業時期と内容

A　作業時期

　一年草の雑草は、初夏と秋季に除草するのが効果的である。一方、多年草の雑草には、年間を通して葉を茂らせる常緑多年草と、冬季あるいは乾燥などにより地上の葉は枯れるが根が残っている落葉の多年草があり、作業時期は一年草と少し異なる。

　多年草の除草は、春から秋までの期間は適宜に行うが、年間を通した作業区分としては3回程度行う

写2-19　写真上より三日月鎌、小鎌、ねじり鎌

写2-20　草取りフォーク

のが一般的である。1回目は、雑草が生育し始める春から初夏にかけて行い、雑草の背丈が短いうちに除草するようにする。2回目は秋季に行うが、種子を蒔き散らす前に除草するよう心がける。そして、冬季になると雑草が枯れ始め、休眠期に入るので、3回目の除草は根を残さずに抜き取る。

B　作業内容

　自ら除草作業を行う場合は、剪定や病虫害防除などと同様に、まず服装を整えることが大切である。長袖、長ズボン、帽子（日焼け防止、遮熱効果）、手袋、虫除けなどを準備する。また、屋外で地表に近い場所での作業になるので、水分補給を欠かさないようにする。また、周囲へも配慮し、蜂の巣や頭上に障害物がないかなど周りをよく見てから作業する。

　一般的な住宅のエクステリアの規模ならば、手作業で除草することが望ましく、基本的には根元から引き抜く「草むしり」と呼ばれるものになる。除草剤の使用は、土壌の微生物や周りの植物に影響を与えるので、むやみに使用しない。

　除草のもう一つの方法に草刈りがある。草刈りは機械で行う場合と手作業で行う場合があり、草丈の地表部分を刈り取る作業を指す。草刈り（刈り払い）機などの機械は、狭い場所での使用には不向きなほか、騒音など近所への配慮が必要な場合もあり、注意して使用する。

C　道具・器具

●草刈り鎌

　草刈り鎌は形状により幾つかの種類があるので、用途にあわせて選択する（写2-19）。

　一般的な草刈り鎌である「三日月鎌」なら、大体どのような草を刈る場合にも幅広く利用できる。雑草を刈り取るだけでなく、根ごと削り取りたいときには「草削り鎌」の使用が効果的である。

　使用後は汚れを洗い落とした後、すぐに乾いた布などで水気をふき取り、収納する。鎌の切れ味が悪くなったら刃を研いで整える。

●草取りフォーク

　草削り鎌より作業の手間がかかるが、小型の雑草を根ごと完全に抜き取るには、テコの原理を利用した草取りフォークの使用が効果的である。金属製で形や大きさも様々なものが販売されている（写2-20）。

●草刈り機（刈り払い機）

　動力（電気やガソリン）の種類や刃のタイプなどにより様々な種類がある。コードのある電動式のものは長時間の作業に使用できるが、電源延長コードが作業の邪魔になる場合もあり、電源が近くにないと使えない。充電式はコードレスなので作業性が良いうえ、軽くて扱いやすい利点があるが、作業時間

写 2-21　刈り払い機

写 2-22　チップソー（左）とナイロンカッター（右）

が長い場合は予備バッテリーの準備や、こまめな充電が必要になる（写 2-21）。

　草刈り機の刃のタイプには、ナイロンカッター、チップソー、金属刃などがある（写 2-22）。ナイロンカッターはナイロンコードを回転させて草を刈り取る仕組みで、硬い雑草よりも軟らかくて短い草の刈り取りに適している。また、コンクリートや石に刃が当たっても欠けることがないので、初心者にも安心して使える。チップソーは円盤状の刃が回転して草を刈り取る仕組みで、金属製素材のためにほとんどの草を刈り取ることが可能である。金属刃は 2 〜 8 枚ほどの歯が回転して草を刈り込む。刃数が少ないものは軟らかい草に、刃数が多いものは草が密集した場所や硬い草に向いている。

　作業後は、チップソーや金属刃についた草や土汚れを取り除いた後、刃の部分だけを丁寧に洗い、乾いた布でしっかりふき取る。刃の劣化が見られたら、チップソーの交換や、金属刃は研いで整える。

2-3-5　施肥の作業時期と内容

A　作業時期

　樹木に元気がない（葉の色が薄く、黄色味を帯びる）、花付きが悪い、実の数が少なく小さいなどの症状が見られるような場合は、土壌の栄養分が足りなくなっているかもしれないので、施肥を考慮することになる。樹木への施肥は、樹種により多少の差はあるが、大まかに次の 3 つの時期に分けて行う。

- ●寒肥……冬の間に行う。樹木の生育が旺盛な春に効き目が表れるように行う施肥。
- ●春肥（芽出し肥）……春の萌芽期にかけて行う。萌芽期に萌芽や枝の伸長を助ける施肥。
- ●秋肥……秋に行う。花芽の充実や耐寒性を向上させる施肥。

　また、最初に樹木を植え付ける時に植穴の底に「元肥」あるいは「基肥」などと呼ばれる緩効性有機肥料の施肥を行う。樹木の花が咲いた後や果実の収穫後に、樹勢の回復のために「お礼肥」あるいは「追肥」と呼ばれる施肥を行う[注3]。

注 3　肥料の効果や種類やについては「2-5 施肥」（p.47）を参照

B　作業内容

　樹木への施肥は、樹勢や植栽密度により異なるが、主に次の 4 つの方法がある（図 2-6）。

- ●環状施肥……樹木の外周に 20cm 程度の溝を掘って肥料を施す。最も一般的な方法。
- ●つぼ状施肥……深さ 30 〜 50cm 程度の穴を掘って肥料を埋め込む。
- ●放射状施肥……根と根の間に沿って放射状に溝を掘って肥料を施す。
- ●全面施肥……外周全体に肥料を撒いて、浅くすき込みを行う。

環状施肥　　　　　　　　つぼ状施肥　　　　　　　放射状施肥　　　　　　　　全面施肥

図2-6　施肥方法

C　道具・器具

●スコップ

スコップには形状、材質ともに様々な種類があるので、作業用途に合わせて選択する。

スコップの材質にはアルミ、ステンレス、スチール、プラスチックなどがある。アルミやプラスチックは軽量で扱いやすいが、使用方法によっては変形や破損の可能性がある。スチールは頑丈で耐久性があるが、重量があり錆びやすい。ステンレスは耐久性が高く錆びにくいが、かなり高価になる。

スコップの形状に関しては様々あるが、剣型と角型で標準的な作業はほぼ可能である。

①剣型……先端が尖った形状のスコップ。「剣スコ」とも呼ばれ、尖っている部分を地面に刺して、柄の付け根の方の部分に足をかけることで、体重を使った掘削ができるなど、土が少し硬くても掘りやすくできている（写2-23）。

②角型……先端が平らで四角い形状のスコップ。「角スコ」とも呼ばれ、一度にたくさんの土、砂、雪などをすくうことができる。すくう部分の面積を活かすことで、作業効率を上げられる。

●移植ゴテ

移植ゴテとは、片手で使える30cm前後の小型のスコップのことをいう。「ハンドスコップ」「ガーデンスコップ」などと呼ばれ、花壇などの狭い範囲の土を耕すときや培養土を混ぜるとき、草花の植え込みや移植などの園芸作業に使用する（写2-24）。

材質、形状は様々でそれぞれ特徴があるので、用途に合わせて使い分けると作業しやすく、作業効率もあがる。コテの材質はアルミ、ステンレス、プラスチックなどがあるが、できれば耐久性があって手入れも簡単なステンレスがよいだろう。プラスチック製でコテ部分が幅広く深い形状のものは、土を運ぶのに便利である。使用後は土や汚れを丁寧に洗い流した後、乾いた布などでしっかり水気をふき取る。

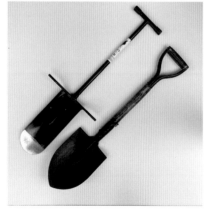

写2-23　剣型スコップ

写2-24　移植ゴテ

2-3-6　灌水の作業時期と内容

A　作業時期

ここでは、樹木の灌水について述べる。植え付け後、活着して1年以上経過した樹木は頻繁に灌水を行う必要はないが、夏季の猛暑などで晴天が続くような状況や、春季や秋季、冬季でも晴天が続いて乾

写2-25　ホースの先端に取り付けた散水ノズル

写2-26　散水スプリンクラー

燥が激しい状況ならば、灌水も考慮しなければならない。夏季は灌水した水が乾かないように朝または夕方に、冬季は灌水した水が凍らないように日中に、それぞれ灌水するとよい。

特に低灌木のような根の浅い樹木では、夏季の乾燥に注意する。

B　作業内容

樹木にとって最初の灌水は植え付け時になる。植え付けにより、樹木の根は損傷を負って水分を吸い上げる力が弱っているので、降雨時以外は地表の乾き具合いを目視しながら、樹木が活着するまでこまめに行う必要がある。灌水は、基本的に回数を少なくし、一度にたっぷりと水を注ぐ。

C　道具・器具

● ホース

灌水には一般にホースを使用するが、長いホースを巻き取って収納できるホースリールが便利である。長さの異なる様々なホースリールがあるので、灌水を行う範囲に合ったものを選択する。灌水の範囲が広くて手持ちのホースが短いときは、ジョイント（接合）器具で別のホースとつなぐことも可能である。ホースリールにホースを収納するときには、ホース内の水を抜いて、ホースがねじれないように気を付けて巻きとる。ごく少量の灌水にはジョウロが便利である。

ホースリールのホース先端には通常、散水ノズルが取り付けられているが、手元で水の噴射の仕方をジェット、ミスト、ジョウロなどに切り替えられるものが便利である（写2-25）。

● 自動灌水機

留守中でも灌水を行い、沢山の鉢植えや広範囲の灌水の作業を軽減する自動装置であり、灌水の間隔時間や回数などをタイマー設定できる機能を持つ。タンク式や電磁弁式など、灌水パイプとセットで用いられる。屋内外用や規模など様々なものが販売されているので、用途に合わせて選ぶようにする。

● 散水スプリンクラー

スプリンクラーを利用した自動散水機で、水圧により自動的に散水方向が変わる（写2-26）。広々とした芝の庭での灌水の手間を軽減できる利点がある。タイマーを使って指定の時刻や間隔で自動的に散水をする。灌水以外にも砂埃や暑さ対策、消雪などにも利用されている。用途や設置場所に合わせて選択する。

2-4　病気・害虫への対応

病気を引き起こす害虫や菌、ウィルスなどは弱った植物につきやすく、植物の生育を阻害して美観を損ねたり、枯死を招いたりする。病気は、密植による日照不足、風通しの悪さ、高温多湿など病原菌に都合の良い環境や植物の栄養不足などによって植物体が弱ってくると発生する。また、病気は植物、病原体、環境の条件が揃ったときに発生するといわれている。植物の種類によってかかりやすい病気があ

り、さらに罹病した樹木から人や風、虫、種子、土壌などが病原菌を伝搬する。

　病気や害虫による被害が大きくなると植物体の切除や薬剤による治療が必要となるので、早期に発見し、被害が広がらないうちに対処する。樹木の場合は、病気にかかると葉の変色や斑点、幹の変色、肥大、瘤、ミイラ化、胴枯れ、壊死（えし）（組織の死）、萎凋（いちょう）（ふやけてしぼむ）、芽枯れ、枝枯れ、腐敗などの変化が見られるので注意する。

　こうした変化が見られたときは、菌による病気かウイルスによるものかを検討する。ウイルスによるものであれば植物を焼却処分し、まん延を防ぐ。食害の痕などが見られたときは加害虫を明らかにし、駆除や薬剤（殺虫剤）散布などを行う。卵のうちに発見して駆除できれば、被害をかなり小さくすることができる。

　日常の維持管理においても、風通し、日当たり、土壌条件などを良好にして、枝葉が過密とならないように剪定して、病気や害虫が発生しにくい環境づくりが予防となる。また、雑草を短く刈っておくと、植物にとって生育環境の改善になり、健康で強い株を育てられるとともに、病気の予防効果もある。

　近年は、温暖化により各地域・地方によって病気や害虫の流行が異なる場合もある。近隣への聞き取り調査を行い、病気の発生しにくい植物を選ぶこと、繁殖力の強い害虫が好む植物の密植を避けることも大切である。

表2-3　主な害虫の特徴と駆除方法等

害虫	特徴	発生時期	駆除方法	主な発生樹木・草花
コガネムシ	成虫は葉・花・果実を食害。幼虫は根・根茎を食害	6〜9月に成虫、7月から翌年6月まで幼虫が土中にいる。真冬以外は食害が出る	6月初めに成虫を駆除する。幼虫は、真冬は深い土中に潜る。捕殺。アセフェート粒剤、クロチアニジン粒剤等	成虫：サクラ、バラ、ツツジ、柑橘、果樹　幼虫:イチゴ、イモ類、果菜、芝、キク、バラ
カミキリムシ	幼虫が枝や幹の中を食害。木くずが地上50cm位までの穴から出る	幼虫は6〜10月に活動し越冬。最近は木くずの出ない種類もいる	成虫を見たらフェニトロチオン（MEP）乳剤。木くずを見たら穴にノズルで殺虫剤を噴霧	モミジ、イチジク、柑橘、バラ
カイガラムシ	吸汁により生育を阻害。新芽や新梢が傷み、枯れを起こす。すす病などを引き起こす	6〜7月。2世代目が7〜9月、3世代目が9月〜10月	風通しの確保、ホコリが溜まらないようにする。5〜8月の幼虫の駆除が効率的。アセフェート、フェニトロチオン（MEP）乳剤、クロチアニジン・フェンプロパトリンエアゾール剤、マシン油乳剤。歯ブラシで落とす、剪定等	多くの樹木、草花
ケムシ、イモムシ	葉を大きく食害（左写真はチャドクガ）	4〜6月、9月以降。多くは1年に2回発生。卵塊で越冬するものもある	捕殺。アセフェートエアゾール剤、マラソン・フェニトロチオン（MEP）乳剤	多くの樹木、草花、果樹、野菜
アブラムシ	新芽、花首などにつき、吸汁する。繁殖が速い	1年中発生。春、秋に繁殖。すす病を引き起こす。温かければ単為生殖できる	窒素の与えすぎは避ける。乾燥、茂りすぎに気を付ける。ブラシでとる。牛乳、ガムテープ、クロチアニジンエアゾール剤。長期間発生するため浸透移動性のアセフェート粒剤	多くの樹木、草花、果樹、柑橘

46

2-4-1　害虫の駆除

主な害虫の特徴と駆除方法を表2-3に示す[注4]。

注4　駆除作業全般については「2-3-3 病虫害防除の作業時期と内容」(p.40) を参照

2-4-2　病気の防除

主な病気の特徴と防除方法などを表2-4に示す。

表2-4　主な病気の特徴と防除方法等

病気	特徴	発生時期	防除方法	主な発生樹木・草花
うどん粉病	糸状菌による。葉の表面に白い粉状のカビ	4～6月。湿度が低くてもまん延	風通しの確保。ベノミル水和剤	ほとんどの植物。特にウリ、バラ、マサキ等
黒星病	糸状菌による。葉に黒い斑点ができ、周囲はぼやける。落葉	梅雨、秋雨の時期	マルチングで雨のハネ防止。梅雨前の予防としてクロロタロニル水和剤、キャプタン水和剤	バラ、果樹
褐斑病	糸状菌による。茶褐色やこげ茶色の斑点。落葉	初夏から秋。初夏の湿度の高い時	風通しの確保。クロロタロニル水和剤、キャプタン水和剤	アジサイ、ツツジ、カンノンチク、キク、ヒマワリ
すす病	枝葉に黒い煤状のカビが付着。アブラムシ、カイガラムシ、コナジラミなどの排泄物にカビが付く	特に秋	原因となる吸汁性害虫の駆除。水による洗浄で多少は落ちる。剪定	原因となる吸汁性害虫のつく花木、果樹、果菜類
モザイク病	ウイルス性。アブラムシ、コナジラミ等により広がる	一年中。特にアブラムシの時期と重なる	焼却処分	ホウセンカ、ショウガ。ウイルスはツバキなどの斑紋・輪紋病の原因にもなる

2-5　施肥

　土づくりと同様に施肥も植物を維持管理するうえで必要な作業である。肥料は植物を丈夫に育て、成長を促す食事のようなもの。肥料には、植物の生理作用を調整する役割があるが、多すぎてもよくない。植物の特性と現在の状況を十分に見極めたうえで、必要な成分を含む肥料を適量施すことが大切で、成分や分量を違えると成長を望めないばかりか、本来の生育にも支障をきたす恐れもある。また、肥料には様々なタイプのものがあり、それぞれのタイプに応じた施肥の仕方がある。さらに、同じタイプでもメーカーにより成分の含有量が違うため、使用する肥料についてきちんと理解したうえでの使用が望ましい。

2-5-1　肥料の役割と効能

　肥料には植物の体を大きくし、花や実を充実させたり、体内の生理作用を調整して成長を促す役割がある。肥料の成分として、三要素（窒素、リン酸、カリウム）、カルシウム、マグネシウムは重要である。他には、生育の調整を促す（人間にとってビタミンのような役割がある）イオウ、鉄、ホウ素、マンガン、亜鉛など、多くの微量要素がある。

　このように、肥料には様々な成分があるが、それぞれの成分によって効能が異なる。三要素の窒素、リン酸、カリウムが、植物の生育上で及ぼす部分と効果、また、要素の過多や欠乏した場合の症状を表2-5に示す。

表2-5　肥料の三要素の効果と過多・欠乏の症状

肥料の要素	効果	過多の場合の症状	欠乏した場合の症状
窒素 (N)	主に根茎や葉の生育を促す。植物にはもっとも重要な要素。「葉肥え」ともいう	葉色が濃くなる。徒長気味になる	葉が黄変し、枝葉が軟弱となり下葉が枯れやすくなる。病気や害虫に弱くなる
リン酸 (P)	開花や結実にも有効なため「花肥え」「実肥え」ともいう。細胞分裂などの生理作用の調節をする必要不可欠な要素	鉄分の吸収を阻害	下葉が黄変あるいは赤くなり生育不良となる
カリウム (K)	水分の調整、微量要素の吸収促進、病気や害虫に対する抵抗力向上	カルシウム、マグネシウムの吸収を阻害	葉先が黄変する

2-5-2　肥料の分類

　肥料には油かすや動物の排泄物など、植物や動物由来の天然材料からつくられる有機質肥料と、鉱物を主原料として化学合成によりつくられる無機質肥料がある。また、両者をバランスよく配合し、使用しやすいようにつくられたものは、「配合肥料」と呼ばれる（図2-7）。

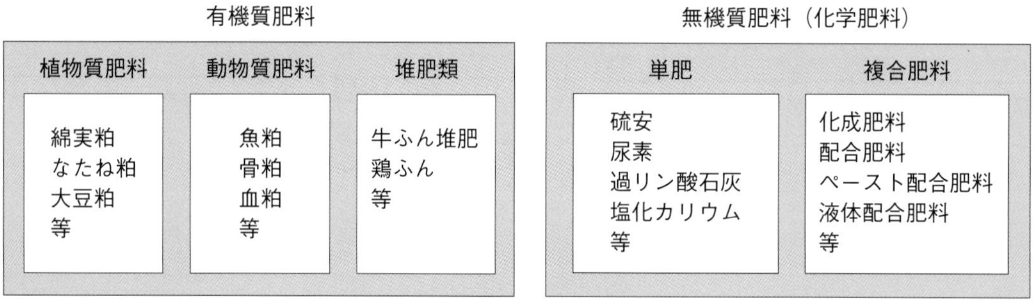

有機質肥料			無機質肥料（化学肥料）	
植物質肥料	動物質肥料	堆肥類	単肥	複合肥料
綿実粕 なたね粕 大豆粕 等	魚粕 骨粉 血粉 等	牛ふん堆肥 鶏ふん 等	硫安 尿素 過リン酸石灰 塩化カリウム 等	化成肥料 配合肥料 ペースト配合肥料 液体配合肥料 等

図2-7　肥料の分類

A　有機質肥料の特徴

　長期間にわたり、ゆっくりと効く遅効性肥料。植物の植え付け時の元肥や、冬の休眠期に与える寒肥での使用に向き、緩効性肥料とも呼ばれる。施肥の際には、いくつかの肥料を組み合わせて施すことが多い。有機質肥料の窒素（N）、リン酸（P）、カリウム（K）の成分比と特徴を表2-6に示す。

B　無機質肥料（化学肥料）の特徴

　水に溶けやすい性質を持つため植物に吸収されやすく、効果が速く表れるので即効性肥料とも言われ、追肥に用いられることが多い。また、様々な成分比の肥料が販売されているので、目的に合わせて選択できる。ただし、与えすぎると逆効果になるだけでなく、環境破壊にもつながるので、分量を守って使用することが大切である。

2-5-3　施肥のタイミング

　どのような効果を望むかによって、肥料を施すタイミングは変わる。これは、植物の各部分の成長する時期（季節）が違うためで、植物の種類によってもこれらは変わってくる。施肥の最適なタイミング

表2-6　有機質肥料のNPK成分比と特徴

名称	成分比（重量%）			特徴
	N	P	K	
油粕	5～7	1～2	1～2	有機を代表する窒素肥料。ぼかし肥の材料にも
発酵鶏ふん	3～4	5～6	2～3	三要素を含み速効性で追肥にも使える
魚粕	7～8	5～6	1	窒素・リン酸を多く含み、野菜の味を良くする
骨粕	4	17～20	0	ゆっくり効果が現れるリン酸肥料
米ぬか	2～2.6	4～6	1～1.2	ゆっくり効果が現れるリン酸肥料。堆肥やぼかし肥の発酵促進剤に最適
バットグアノ	0.5～2	10～30	0	コウモリのふんからできた緩効性のリン酸肥料
ぼかし肥	5	4	1	数種類の有機物をブレンドして発酵させた肥料。材料により成分比の調整可能
草木灰	0	3～4	7～8	果菜類の味を良くする速効性のカリウム肥料。土壌の酸度調整にも利用
有機石灰	0.2	0.1	0	土壌の酸度調整に利用。カルシウムのほか、微量要素の補給にも利用

は、各部位の成長が活発になる少し前で、この段階で施肥を行うと、より効き目が良くなる。特に分かりやすいのは花芽をつける時期で、花つきが良くない樹木に肥料を施す場合、花芽を形成する少し前の段階で施肥を行うことにより、花数の充実を図ることが可能となる[注5]。

注5　施肥方法については、「2-3-5 施肥の作業時期と内容」（p.43）を参照

2-6　植栽地の土壌

　土壌は、植物が根を張り植物の体を支えるところであるとともに、動物、菌類などによって分解された栄養分や水分を供給するところとなる。植物にとっての土壌の役割を表2-7に示す。

表2-7　植物にとっての土壌の役割

役割	摘要
植物体の支持	植物が土壌に根を侵入させることで、植物が倒れないように支えている
水と酸素の供給	植物が必要とする水分と酸素を同時に供給する
養分の供給と調節	窒素、リン酸、カリウム等の養分を根に供給し、土壌粒子への養分吸着や、土壌微生物の働きにより、養分供給を調節する
物理・化学的緩衝	土壌の温度は気温に比べて変化の幅が小さい（気温より昼は低く、夜は高い）。pHも一定の範囲で調整し、養分・水分や土壌微生物相も長く維持しようとする緩衝機能を持つ

2-6-1　日本列島の土壌分布

　火山国の日本は、火山灰から発達した黒ボク土が北海道、東北、関東、中国、九州地方の丘陵地、台地を中心に広く分布している。黒ボク土の分布面積は国土の31％程度で日本で最も多く、次いで褐色森林土が30％、低地土が14％と続き、この3種で75％を占める。農地に限ると黒ボク土26％、褐色森林土7％、赤黄色土6％で計39％になる。土壌のあり方は気候と樹林の様相によって異なり、また地形にも大きく左右される。

　土壌の分類方法には、農林水産省の方式、森林土壌の面から分類した林野土壌の分類など幾つかの方法がある。表2-8は一般財団法人日本土壌協会の分類を参考に作成したが、植栽に関わる可能性の高い土壌は黒ボク土、褐色森林土の一部、赤黄色土、褐色低地土が考えられる。その4種について説明を加えると以下のようになる。

A　黒ボク土

　年間降水量が1,300mmを超す日本の気象条件により、日本の火山灰土（黒ボク土）の特徴は、土壌中の塩基分（カルシウム、マグネシウムなどのアルカリ分）が流亡することと、リン酸分を強く結びつけるため、作物はリンを吸収しづらく、化学性が不良であり、農業に不向きな土壌（酸性土）であった。

　しかし、リン酸肥料が普及したため、軟らかく水分保持力が高い（黒くてホクホクしているところか

表2-8　日本の主な土壌と樹種などの相関性

土壌	名称	概要	備考
台地・山地の土壌	褐色森林土	非火山性山地の落葉広葉樹林帯（ブナ・ミズナラ林）に分布。暗褐色の腐植層（A層*1）の下に褐色のB層*1がある。A層は微生物や土壌生物の活動が活発で、団粒化*2が進んでいる。マグネシウムやカルシウムにも富んでおり、日本の国土の30％程度を占めるが、その多くは山林地帯に分布	一部は山砂として土壌改良等に利用（表2-9参照）
	赤黄色土	主に西日本の常緑広葉樹林帯の丘陵地や台地に分布。腐植層はあまり発達せず、B層*1は酸化鉄を多く含むため赤色または黄色を呈する。粘土質が多く、硬くて耕作しにくいが、多くは果樹園や野菜畑として利用されている	住宅エクステリアの植栽地の土壌としては、大きな問題はないと思われるが、深根性の樹木には要注意
火山性の土壌	黒ボク土	関東以北や九州を中心に火山灰地に分布。ススキ、ササなどのイネ科草本から多量の有機物が供給されることで腐植が大量に集積し、団粒構造*2が豊富。水はけ、水もちが良い反面、養分保持力が弱くリン酸欠乏になりやすい	住宅エクステリアの植栽地の土壌としては、特筆すべき問題はない
低地の土壌	褐色低地土	地下水位が低く、排水の良い場所に分布。酸化鉄のためB層*1が褐色。果樹園や畑として利用	
	灰色低地土	平野部や扇状地の土壌。地下水位が高いため鉄分が還元的で灰色を呈する。主に水田に利用されるが沖積作用のため地力が高く、近年では畑作も行われる	排水・根腐れに配慮すれば住宅植栽の土壌に利用は可能
	グライ土	窪地など地下水の影響の強い土地に分布。酸素がほとんどない還元状態で、土壌は青灰色を呈する	住宅エクステリアの植栽地の土壌としては不向き
その他の土壌	泥炭土	低温湿潤な環境で植物の分解が進まず、繊維質が目視できる土壌。北海道に多く分布し、窒素以外の養分が少なく物理性も劣るが、排水性の改良で水田として利用されている	

*1　A層、B層については図2-8（p.51）を参照　　*2　団粒化、団粒構造については図2-11（p.54）を参照

表2-9　褐色森林土の細分類

細分化-名称	特徴	備考
乾性褐色森林土	山の尾根の上部に見られ、堅果状（堅くて中身のつまったかたまり）で粒子が粗いのが特徴	
弱乾性褐色森林土	尾根から少し下り、比較的乾燥した地形に発達し、乾性褐色森林土よりは粒子の細かい堅果状になる	これらから採取しやすい状況により、「山砂」として土壌改良等に流用されている
適潤性褐色森林土	斜面中央部のもっとも代表的な褐色森林土	
湿性褐色森林土	さらに湿潤な褐色森林土をいい、土壌中の湿度が上がるにつれ、表土の腐植層の厚みが増し、pHが高くなる特徴がある	

ら黒ボク土と呼ばれるようになった）という良好な物理性もあって、現在では広く耕作地に利用されている。

　火山灰土は、一般に表層の黒色土と下層の褐色土に分けられる。表層の黒色土は、地表に繁殖した植物が枯れて分解が進んで腐植となったものが多い。下層の褐色部は腐植が少なく、酸化アルミニウムに富んでいる。関東平野に分布する関東ローム層は火山灰土であるが、この地層ができた時期は気候が寒冷だったため、腐植に乏しいことから褐色を示している。

B　褐色森林土

　温帯湿潤気候の樹林に生成される褐色の土壌のことをいい、日本では主として山地斜面の広葉樹林に見られる。褐色森林土は土壌中の水分と温度とのバランスがよく、樹々の落葉や落枝などがカルシウム・マグネシウムの塩基類に富むことから微生物や土壌動物の活動に適している。そのため、表層は後述する団粒構造のよく発達した黒褐色の腐植土壌となり、風化変質層を経て酸化鉄に富んだ褐色の下層へと至る。褐色森林土は土壌中の湿度の違いにより、表2-9のように細分化することができる。また林野土

壌の分類においては、褐色森林土の一部を黒ボク土に大別することもある。

C　赤黄色土

火山灰の影響の少ない台地・丘陵地・山地には、褐色森林土とともに赤黄色土が分布している。赤黄色土は、鮮やかな黄色や赤色の次表層（土壌表面から 20 〜 60cm の間の層、B 層ともいう）をもつ、風化の進んだ比較的古い土壌で、有機物の蓄積が少なく、緻密で重く硬いなど物理性の問題もある土壌である。西南日本や南西諸島に広く分布している。

D　褐色低地土

河川が上流地域の岩石や土壌を浸食し運搬してきた物質が、下流の氾濫原（洪水時に氾濫する範囲の低地）などに堆積してできた母材から生成する土壌は一般に沖積土壌といわれるが、この中で褐色低地土は沖積平野の低位河岸段丘、扇状地、自然堤防、河床からやや離れた比較的安定な沖積面などの地下水位の低い排水のよい場所に分布している。河川氾濫堆積物の度重なる付加により、土壌母材は常に新しい状態が保たれ、土壌養分などは豊富であることが多く、一般的には肥沃な土壌として知られる。

2-6-2　植栽地の土壌の構造と表土の保全

土壌の断面は色、土性、緻密度などの異なる層が見られる。このような土の重なりを土壌層位と呼ぶ（図 2-8）。土壌層位は土壌の生成過程を示すもので、土壌を分類する上で重要になる。

〈表土の保全〉

図 2-8 において O 層、A 層は表土と呼ばれ、地上の土壌層のうち最も表層部にある土壌のことをいう。特に、里山の林縁など人の手が入っていない（下の層と撹拌されていない）表土は、有機物や微生物を最も豊富に含んでいる。土壌生物の大半が住み、有機物の分解が盛んであり、後述する団粒構造が発達して水や空気を保っているのも、主に O 層と A 層からなる表土であり、より深い層の土壌に比べて非常に肥沃である。

1cm 厚の表土ができるまでは数百年という永い年月を要するとされているので、安易な土の処分、撹拌などには十分に配慮する必要がある。

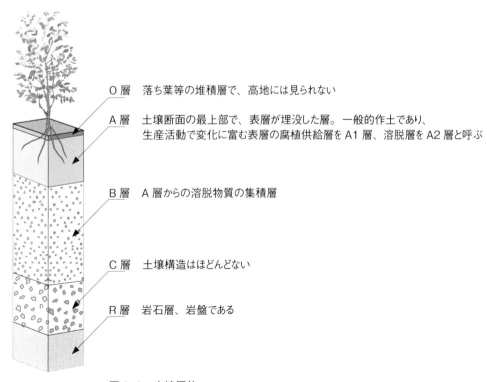

O 層　落ち葉等の堆積層で、高地には見られない

A 層　土壌断面の最上部で、表層が埋没した層。一般的作土であり、生産活動で変化に富む表層の腐植供給層を A1 層、溶脱層を A2 層と呼ぶ

B 層　A 層からの溶脱物質の集積層

C 層　土壌構造はほどんどない

R 層　岩石層、岩盤である

図 2-8　土壌層位

2-6-3　有効土層と根の生育範囲

　植栽基盤は、植物の根のうち栄養分を吸い上げる吸収根（細根）の発達する肥料分のある上層と、植物を支える支持根が生育する下層の2つの層からなる有効土層、さらに、その下の排水層から構成される。有効土層の厚さは、植栽する植物の大きさにより異なる。状態の悪い土層では土壌改良を行う。

　有効土層には、根が伸長するのに必要な厚さと範囲、樹体が強風時でも倒伏しない根の張りが可能な厚さと範囲、多少の乾燥でも灌水を必要としない保水力のある土壌などが求められる。

　一般的に、樹木の生育範囲の吸収根（細根）は樹冠の投影面積と同程度の範囲に広がるといわれており、植栽する植物の根が十分に生育するだけの植栽地（面積）を確保する必要がある。

　植栽地の範囲と有効土層厚の関係を表2-10に、植栽基盤に求められる条件と表2-10に対応する有効土層厚を図2-9にそれぞれ示す。

表 2-10　植物の生育に必要な有効土層と根の生育範囲

分類 樹高		草花・地被植物	低木 1m 以下	中木 1～3m	高木 3～7m
有効土層	上層	20～30cm	30～40cm		40cm
	下層	10cm～	20～30cm		20～40cm
植栽地の範囲	面積	0.07m²	0.3m²	5m²	20m²
	直径	0.3m	0.6m	2.5m	5.0m

参考文献：国土交通省都市局公園緑地・景観課緑地環境室監修『植栽基盤整備技術マニュアル』日本緑化センター、2013年

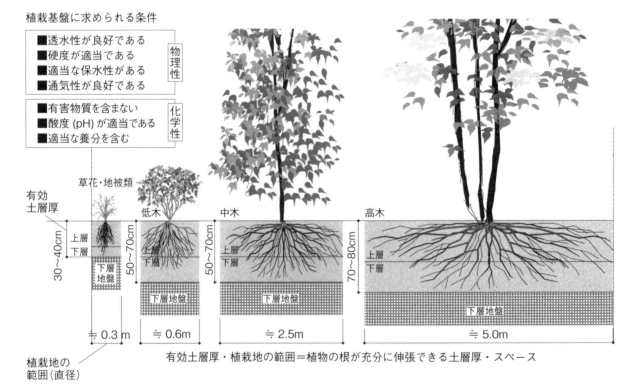

図 2-9　土壌層位

2-6-4　土性とその区分

　土壌は様々な大きさの粒子で構成されているが、大きさの異なる粒子がどのような割合で含まれているかによって、性質は異なる。大きな粒子を多く含んだ土壌は透水性や通気性に優れ、小さな粒子の割合が多い土壌は保水性に優れている。こうした土壌粒子は粒径によって砂（粗砂、細砂）、シルト、粘土の3種類に分類され、その含有割合による土壌の分類を「土性」という。

　土性は国際土壌学会法では、砂、シルト、粘土の含有量の割合に基づき12種類に分類しているが、

表2-11　日本農学会による土性の分類

区分	砂土	砂壌土	壌土	埴壌土	埴土
粘土と砂との割合の感じ方	サラサラとほとんど砂だけの感じ	大部分（70〜80％）が砂の感じで、わずかに粘土を感じる	砂と粘土が1:1の感じ	大部分が粘土で一部（20〜30％）砂を感じる	砂を感じず、ほぼヌルヌルした粘土の感じ
分析による粘土の割合	12.5％以下	12.5〜25.0％	25.0〜37.5％	37.5〜50.0％	50.0％以上
保水力	××	×	○○	○○	○○
透水性	○○	○○	○○	×	×
保肥力	××	×	○○	○○	○○
植栽に関しての適否	××	○	○○	○○	××

国土交通省基準では、埴壌土の透水性不良に着目してこれを不適とし、透水性の良好な砂壌土を壌土とともに植栽地の求める条件にあげている。これは日本農学会が耕作に着目している点と、国土交通省の道路建設に関わる資料性の両者の目的の相違に基づくものと考えられる。住宅エクステリアの分野においては砂壌土の保肥力が足らない点に関しては、施肥などで充分対応可能として、植栽に関しての適否は○と記している。

日本農学会法では簡略に粘土の割合のみで5種類（砂土、砂壌土、壌土、埴壌土、埴土）に分類している（表2-11）。浅い層の土性だけでなく、土壌の成り立ちや、植栽地の地形にも目を向けることが大切である。

　一般に耕作に適している土壌は「壌土」であり、「埴壌土」がこれに次ぐとされている。

2-6-5　土壌の三相分布

　土壌は、鉱物などの無機物や様々な有機物の粒子からなる固体の部分（固相）と、その隙間に溜まった水分（液相）、および、空気などの気体の部分（気相）から成り立っており、これらを土壌の「三相構造」という。それぞれの体積の比率を固相率、液相率、気相率といい（液相率と気相率を合わせて孔隙率ともいう）、その分布割合が「土壌の三相分布」となる。

　土壌の種類によって三相分布は様々であり、土性区分から見れば、粘土を多く含む埴土は固相率と液相率が高く、硬くしまっているとともに保水力が高い。砂土では粒子が大きく固相率は高いが、気相率も高いため、保水性が低く、水はけが良い。土壌分類から見ると、黒ボク土は、腐植など土壌有機物を多く含むため、後述する団粒構造が発達し、比較的孔隙率が高くなり、保水性、水はけともに良好となる。

　三相分布は深さによっても変化し、一般に深くなるに従って気相率が低下し、固相率は上昇する。

　一般的に、水は土壌粒子の間の小さな隙間に、気体は比較的大きな隙間に存在している。そのため固相率の高い土壌ではこれらの孔隙が少なく、硬くしまって根の成長を妨げている。また、液相率が高い土壌では、空気が入り込めず、酸欠状態になる。気相率の高い土壌は乾燥しやすく、水不足となる。

　図2-10は非火山灰土の場合の作物の生育に適する三相分布の割合を示している。対象が作物であって樹木ではないが、参考値として理解するには、問題ないと考える。

2-6-6　土壌の団粒構造

　植物に適した土壌は適度な保水性と適度な透水性、すなわち酸素と液体の水、肥料成分を同時に供給するという相反する性質を兼ね備えていることが要求される。これには土壌の中に大きな孔隙と、小さな孔隙が存在していなければならず、そのために必要なのが団粒構造である。

　粘土や腐植などの土粒子が、有機物が分解される際に分泌する粘着物や、鉄やアルミニウムの化合物を接着剤として結合した微小団粒が、さらにカビの菌糸や根からの分泌物により集合体となって、より大きな団粒を形成する。このように団粒化した土壌が植物にとっては望ましい環境といえる（図2-11）。

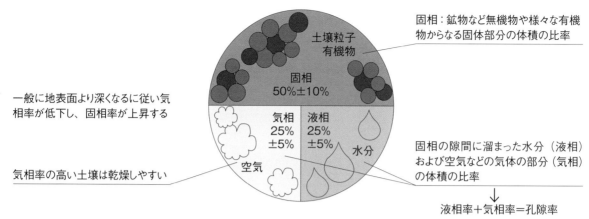

図 2-10　非火山灰土の場合の作物生育に適する土壌の三相分布・模式図

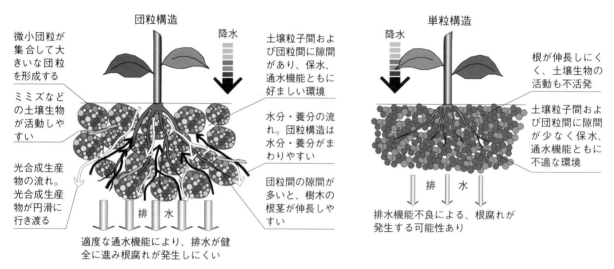

図 2-11　土壌の団粒構造と単粒構造

2-6-7　植栽地の土壌条件

　植栽地に求められる土壌条件とその理由を表 2-12 に、国土交通省の基準による植栽地の土壌条件を表 2-13 にそれぞれ示す。

表 2-12　植栽地に求められる土壌条件

	土壌条件	理由
①	植物の生育に障害を及ぼす有害物質を含まないこと	根の伸張が容易、根を傷めない
②	適度な土壌酸度（pH）であり、保肥性があり、適度な養分を含み化学性が良いこと	根が成長しやすく、養分が過不足なく供給される状態である
③	透水性、通気性が良好であり、下層との境界などで水が停滞しない、適度な土壌硬度があるなどの物理性が良いこと	土性に関しては砂壌土、埴壌土のカテゴリー内にあり、植物が必要とする水分、酸素が供給され、また、排出しやすい環境である
④	適度な腐植を含んでいること	土壌微生物の活動が活性化され、団粒化が促進する状態

表 2-13　植栽地の土壌条件（国土交通省の基準）

項目	化学性		物理性		
	腐植	pH	土性	透水性（mm/hr）	土壌硬度（長谷川式）
数値目安	3%以上	5.0～7.5	砂壌土または壌土	30 以上	1.5～4.0cm

参考文献　国土交通省 都市局 公園緑地・景観課 緑地環境室監修『植栽基盤整備技術マニュアル』日本緑化センター、2013

A　土壌の水分

　土壌水分は、重力で土壌粒子間を下方に抜ける重力水から、土壌孔隙の毛管に保持される毛管水、土

壤粒子表面に吸着される吸湿水などがある。植物の根が利用できる有効水は、土壌孔隙に蓄えられる毛管水であり、土壌構造により全体の有効水の量は大きく変化する。

　土壌の水分は、水の表面張力が大きいために孔隙の中に保持されやすく、地中での移動も容易で、植物の根に供給されやすくなる。また、土壌中の水は肥料の成分を溶かし、植物に必要な養分を提供する働きを持つ。同時に土壌中の動植物、微生物の活性を左右する。さらに、高温時には蒸発によって多量の熱を奪い、低温時には氷結熱を放出するため、地温の急激な変化を緩和する。

B　土壌酸度と改善方法

　土壌酸度とは、土壌が示す酸性、中性、アルカリ性の程度のことで、pH（水素イオン指数）という単位で表し、pH7 未満が酸性、pH7 が中性、pH7 より大きいとアルカリ性になる。土壌酸度の変化は、植物の生育、土壌中の微生物などの生物の活動や土壌構成物質の形態や性質、養分の有効性に影響を与える。土壌が酸性になると溶脱しやすい養分要素や、中性あるいはアルカリ性に傾くほど不溶性となってしまう養分要素がある。土壌が酸性になる理由としては、雨により地中の石灰やマグネシウム、鉄分などが流出することがあげられる。また、雨自体が弱酸性であることが多く、さらに、化学肥料が土壌を酸性にすることも一因である。

　酸性土壌の改善には、アルカリ性資材の消石灰や草木灰、もみ殻燻炭などをまくことが知られ、土壌の物理性・通気性・保水性の向上、微生物の活発化などに有効とされる。アルカリ性の強い土壌では、植栽を植え付ける前にピートモス（沼地や湿地などで植物が泥炭化したものを乾燥させて砕いたもの）を土に混和するなど、酸度を調整する必要がある。

　多くの植物は弱酸性から中性の土壌を好むため、pH5.5 ～ 7.0 であれば、ほとんどの植物の生育に支障がないといえる。ただし、植物によっても異なるので、参考として樹木の例を示しておく。

- 酸性土壌を好む樹木……ブルーベリー、シャクナゲ、アジサイ、エリカ、クチナシ、セイヨウシャクナゲ、アカシヤ、クスノキなど
- 微酸性土壌（pH6.0 ～ 6.5）に適する樹木……キリシマツツジ、サツキツツジ、ドウダンツツジなど
- 酸性土壌を嫌う樹木……カイズカイブキ、サザンカ、サンゴジュ、ツバキ、ヤマモモ、バラ類など
- アルカリ性土壌を好む樹木……ツゲなど

C　土壌硬度

　土壌硬度は、植物根の伸張の難易、透水性や通気性の程度に影響する。山中式土壌硬度計による硬度（ち密度）で約 20mm 以下が適切な硬度である。この硬度は、貫入式土壌硬度計のコーンが土壌に貫入する深さ（mm）で表される土壌の硬さのことをいう。粘性土であれば土壌硬度 10 ～ 23mm、砂質土であれば土壌硬度 10 ～ 27mm が最も植栽に適した土壌であるとされている。

　長谷川式土壌貫入計による測定方法は、重さ 2kg のランマーを 50cm の高さから自由落下させ、その打撃で貫入するコーンの貫入深を S 値（軟らか度：cm/drop）と呼んでいる。参考として S 値の判断基準（表 2-14）を掲載するが、これは特定の層の判断基準値であり、1 回の打撃で判断するのではなく、総合的な評価基準として判断することが必要になる（表 2-15）。

D　腐植

　腐植とは土壌中に集積した動植物の遺骸が、腐敗分解して生じた黒褐色の有機物。土壌の有機物は微生物により分解され、微生物の増殖と死滅の中で窒素成分は、アンモニア、硝酸となり植物に吸収されたり溶脱したりして最終的には消滅するが、動植物遺骸の一部は分解される化学変化の過程で土壌にとどまる。これが腐植で、簡単に「分解途中の有機物のカス」とも考えられるが、次のような重要な機能を有している。

①植物養分（Ca^{2+}、Mg^{2+}、K^+、NH^{4+}）の吸着保持

②土壌の酸性化の緩和（土壌の急激な pH の変化を緩和する役割）

表2-14　S値の判断基準値

S値 (cm/dorp)	根系伸長の可否	硬さの表現	判定
0.7以下	多くの根系が侵入困難である	固結	××
0.7〜1.0	根系発達に阻害がある	硬い	×
1.0〜1.5	根系発達阻害樹種がある	締まった	△
1.5〜4.0	根系発達に阻害ない	軟らか	○
4.0以上	根系発達に阻害ない、低支持力、乾燥	膨軟過ぎ	△

表2-15　S値の総合評価基準

S値0.7以下の固結層が5cm以上連続	固結による不良地盤
S値1.0以下の固結層が10cm以上連続	
S値0.2以下10回 (drop) 以上連続	固結層

新潟県都市緑化センター「樹木健全育成マニュアル」（2007年）より作成

③植物生理活性作用　　④団粒形成　　　　　　　⑤有用土壌微生物の活動促進
⑥無機養分の供給　　　⑦難溶性リン酸化合物の生成防止　　⑧土壌温度の上昇
⑨水分吸収保持

　腐植は火山灰土壌に多く形成される。これは、火山灰土壌の粒子が細かく、他の土壌よりも風化を受けやすいため、土壌中にアルミニウムや鉄が多く放出されて有機物と結びつくためである。

　腐植の量は、土壌の色で簡易的に判定できる。例えば、関東ロームは黄土色で、南九州の土壌は黒褐色であるが、これは関東の土壌より南九州の土壌の方が多く腐植を含むことを意味している。

E　土壌の色

　土の色は、主に有機物と鉄化合物の形態と含水量に関係している。含水量によって鉄化合物の形態が変化し、土の色が変わる。水はけの良い乾きやすい土壌は砂目が多く、有機物が少ない土であることが多い。こうした土壌は酸化鉄が生成され、土の色は褐色から褐灰色をしている。

　粘土質が多いところでは水はけが悪くなる。大雨が降ると、土中の隙間は水で満たされて空気が不足し、土壌は酸素不足となり、還元鉄が生成されて灰色から青灰色になる。

　私たちが普段目にする土の色は、表2-16のように大きくは5つとなる。

表2-16　主な土の色とその特徴

土の色	摘要
黒色	一般的に黒いほど、有機物の含有量が多い。軟らかく、水はけ・保水力が良いだけでなく、肥料成分の保持も良い
赤色〜褐色	有機物が少なく、水はけが良く、土が乾いている状態で、酸化鉄が多く存在する場合に見られる
白色	土の条件は赤色〜褐色と同じだが、鉄がほとんど含まれていない場合に見られる
青色	酸素の多い土壌では、あまり見られない。水田などの常に水分が飽和状態（還元状態）の場合に見られる。還元が進むほど、還元鉄の色を反映して色は青味を増す
灰色	土壌の還元が進んで青色に変化するまでの中間的条件のときに見られる

2-6-8　市街地・住宅地の土壌の問題点

　市街地において、土壌が生成された当時のままの状態で残っている箇所は皆無といっていいだろう。多くは人間の活動（大部分が建築物の建設、解体の繰返し）によって、地表部と深層部が攪拌され、純然たる表土はごく僅かであり、まれに大きな敷地の庭園の端部に残っている程度と考えられる。さらに、建築物解体時に発生したガラ、礫、コンクリート塊が残り、アルカリ度を増していると考えられる。特に駐車場などに利用されていた跡地は、コンクリート塊（pH12〜13）、アスファルト残塊（pH9.3〜11.6）、再生砕石（pH11.2以上）などにより、アルカリ度が増していると考えられる。

　また、上記のように敷地に残されたものだけではなく、車のタイヤなどから発生する砂塵でアルカリ化が進むとも考えられる。雨水によって中和されるという考えもあるが、雨水によって中和される範囲は表層より十数cmであり、それより深層部は雨水による影響は少ないという報告もある（東邦レオ「グリーンインフラ&植栽基盤WEB」）。市街地の住宅地においては、通常の植栽深さ（H=3.0mの高木であれば0.6～0.7m程度）であれば、表層の10cm程度は雨水の影響を受けて中和が進んでいることが期待できる。しかし、それより深い部分になると雨水の影響を受けず、コンクリート塊などが発するアルカリ分の影響を受け続けていると考えるのが妥当である。

2-6-9　郊外・造成地の土壌の問題点

　従来からの宅地造成計画においては、まず地耐力の確保が優先され、土性を考慮するようなことはほとんどなかったといえるだろう。最近の一部の開発においては、表土の保全という考えに沿って、表層部の好ましいと思われる土壌を計画地内に一部仮置きし、造成後に埋め戻して再利用するといった計画がみられるようになってきた。また、ひな壇状の造成においては、過去には擁壁に透水層として裏込め栗石を設計GL面より約30cm下部から入れていることが多かった。このため植栽のために植穴を掘削する時や生垣の支柱を立てるのが難しくなり、現場の作業員は随分苦労していた。最近では、裏込め栗石による透水層の形成ではなく、宅地造成等規制法などによって透水マットの使用が認められたものの、埋め戻し土にセメント系の地盤改良材を混入する例も見られ、植栽時の掘削が難しかったり、植物の生育障害も懸念されるなどの問題もある（図2-12）。

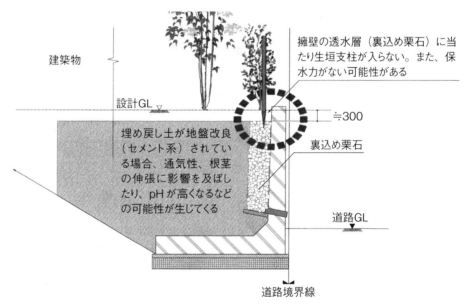

図2-12　大規模造成地によく見られる擁壁の裏込めと改良土埋め戻し状態

2-6-10　土壌改良

　一般的に土壌改良は前述した「2-6-7　植栽地の土壌条件」（p.54）の項目に対応する"裏返し"の項目が考えられる（表2-17）。

　表2-17より土壌改良の項目を「透水性・保水性の改良」「硬化の矯正と膨軟化の促進」「酸度の矯正」に関してそれぞれ具体的に述べる。

A　透水性・保水性の改良（物理性）

　透水性の改良には、暗渠設置、パイルの打込みのほか粗大有機物の施用、高分子系土壌改良資材などを使用する。バーク堆肥ピートモスなどの有機質土壌改良資材の施用は、土壌を軟らかくし、団粒構造化を促し、透水性を改善すると同時に水に対する親和力を増して、保水性を高めるのに効果がある。乾

表2-17　植栽地の土壌条件と土壌改良項目の関係

植栽地の土壌条件		土壌改良項目
植物の生育に障害を及ぼす有害物質を含む	➡	撤去、または、そのような植栽地を選択しない
土壌の透水性（通気性）が不良であり、かつ下層との境界等で水が停滞する	➡	透水性・保水性の改良
土壌の硬さが適当でない	➡	硬化の矯正と膨軟化の促進
土壌酸度（pH）が適当でない	➡	酸度（pH）の矯正
適度の養分を含まず、保水性が不良である	➡	透水性・保水性の改良

燥しやすい砂地などの土壌に保水性を持たせるには、有機物のほか、ゼオライト、ベントナイトなどの粘土や、バーミキュライトなどの多孔質の焼成物を併用する。

B　硬化の矯正と膨軟化の促進（物理性）

　土壌硬化の原因は、降雨によって、団粒構造が崩れた状態の空隙に細かな土の粒子が入って、土壌が硬く締まることによる。樹木の細根は地表から30cmまでの深さに多く分布し、樹冠の周縁下部の根の活性が高くなる。したがって、土壌の表層30cm位の部分をできるだけ軟らかくし、細根の発達を促すことが大切になる。

　土壌硬化の対策としては、硬くなった土を掘り返してほぐす作業となる。深い部分の土壌と表面の土を入れ替えて、深い部分の土壌を空気と日光に触れさせることを「天地返し」というが、この作業の効果は、土壌を軟らかくするだけでなく、冬季であれば寒風で病気の原因となる菌を死滅させ、夏季には強い日差しにより害虫を駆除することができる。

C　酸度の矯正（化学性）

　もともと日本では酸性の土壌が多く、アルカリ化現象は都市部に特異的に見られるに過ぎない。アルカリ化の原因は土壌へのコンクリート片などの混入、周辺舗装による水循環の阻害などである。

　樹木には、樹種により土壌酸度に対して強いものと弱いものがある。樹木の生育に適する土壌酸度は、pH5.5〜6.5で、許容範囲はpH5.0〜7.0である。原土や客土のpHが4.0以下のときは矯正しなければならない。矯正資材は生石灰、消石灰、炭酸カルシウム、苦土石灰などがあるが、化学的塩基性肥料として炭酸カルシウムが多く用いられる。アルカリ化した土壌には、肥料成分が吸収された後に酸性の副成分を残す硫酸アンモニウム、塩化アンモニウムなどの生理的酸性肥料を用いる。

D　微生物の効用

　生ごみ、作物残渣、緑肥、もみ殻、剪定枝、落ち葉、根などの未熟な堆肥の有機物の発酵を促進する。土壌を団粒構造化して病害菌や土壌害虫が住みづらい、健全で良質な作物が育つ土壌をつくり、化学肥料や農薬の使用量を減らせる。

E　主な土壌改良資材

　主な土壌改良資材を表2-18に、土壌改良のフローを図2-13にそれぞれ示す。

表2-18　主な土壌改良資材

対処・効果	改良資材の種類	改良資材の特徴と効果
水はけの悪い粘土質の改善	パーライト（黒曜石系）	黒曜石を使ったパーライトは排水性を高め、水はけの悪い粘土質のような場所に混ぜ込むのに適している。土を軟らかく、土壌湿度も保ちつつ水はけもよくする。3〜5mmの小粒径のものを、深さ30〜40cm程度の花壇であれば20〜30ℓ/m²すき込むのが目安。
保水力向上	パーライト（真珠岩など）	同じパーライトでもこちらは穴が多く空いていて、大小様々な穴が繋がりながら形成されている。見た目も黒曜石系パーライトより比較的穴が分かりやすい。黒曜石のパーライト以外は保水力に効果があるため、砂利のように水がすぐ排出されるような土地の土壌改良に向いている。

対処・効果	改良資材の種類	改良資材の特徴と効果
排水性の向上 通気性の向上	バーミキュライト	アコーディオンのように膨張した石で、簡単に薄く割れ、金箔のようにも見える。石を原料とした土壌改良資材で、市販の花の用土に混ぜられていることが多く、排水性や通気性がある。pH も中性で、酸性を好む植物の土壌改良資材としても使いやすく、加熱処理してつくられることから、切り口から病原菌が入りやすい挿し木でも使える土としても利用されている。
排水性の向上 通気性の向上	ゼオライト	顕微鏡で拡大して見ないと確認できないような非常に小さな穴が無数にある鉱石。自然界にある天然のゼオライトだけではなく、人工石としてもつくられ、ガーデニングだけではなく工業用としても使われている。ゼオライトを土に混ぜることで、無数の穴により通気性、排水性が増す。さらに、カルシウムなどの養分をゼオライトが取り込んで、徐々に外に排出することから保肥力を高める。
保水力の向上 通気性の向上 水はけの向上 土壌菌の活性化 脱臭	もみ殻燻炭	もみ殻を 400 度以下の低温でいぶし、炭化させたもので、天然の土壌改良資材としてガーデニングや農業の現場で活用されている。雨によって徐々に成分が溶け出し、穏やかに作用することが特徴。 水分を吸収する働きがあることから、土に混ぜ込むことで膨軟化を促進し、水もちがよくなる。また、表面にたくさんの細かい穴が空いていることから、通気性や水はけをよくする効果もある。 水はけや通気性の向上は、土壌菌と呼ばれる微生物が住みやすい環境をつくる。土壌菌の増加と活動は、植物の成長を促すだけでなく、連作障害といった病気の予防にもつながる。 植物の灰には、炭酸カリウムや炭酸ナトリウムが豊富に含まれ、水に溶かすと強いアルカリ性になる。この性質を生かして、酸性の土壌を中性からアルカリ性に pH 矯正する働きがある。 臭いを吸着する作用があり、腐葉土や堆肥と一緒に使うと、異臭を消す。
アルカリ性土壌の中和	ピートモス	ブルーベリーの用土で使われるピートモスは酸性。土に混ぜ込むことで周辺の pH を下げる効果がある。繊維しかないような素材なので保水力もあり、すぐに乾く場所にも有効。
酸性土壌の中和	苦土石灰	苦土石灰とは、「ドロマイト」と呼ばれる岩石を使いやすいように粉状や粒状にした肥料で、炭酸カルシウムと酸化マグネシウムが主な成分。土壌酸度の調整に使用し、酸性化が進む土の改良に効果的。800 ～ 1,200g/m^3 を投入。
有機質肥料として	植物性堆肥	腐葉土（落ち葉）、バーク堆肥（樹皮の皮）
	動物性堆肥	牛ふん堆肥、馬ふん堆肥、豚ふん堆肥、発酵鶏ふん
	油粕（元肥として）	窒素肥料として　400 ～ 600g/m^3 を投入
	骨粕（元肥として）	リン酸肥料として　400 ～ 600g/m^3 を投入
	自家製堆肥（コンポスト）	家庭から出る野菜くずなど

土質調査（有効土層厚、不透水層厚等の確認）
↓
草刈り（地際を刈る）
↓
硬い土を掘り起こす（空気を入れる、"天地返し"）
↓
腐葉土＋ゼオライト（根腐れ防止、水はけを改善）を入れ耕す（1 回目）
↓
微生物（バチルス菌、乳酸菌、放線菌等）*1 を撒いて耕す（2 回目）
↓
耕す（1 週間程度期間を設け有機石灰を入れ再び耕す）（3 回目）
↓
整地（集水枡へ向けて水勾配をとりながら）*2
↓
植　樹
（土壌改良後既存土壌と馴染ませるために 1 週間程度の期間を空ける）

図 2-13　一般的な土壌改良のフロー

＊1　市販品は粒状、パウダー状のものが多い。

＊2　地表面に留まる雨水の量は、土の中に浸透する量よりも多く、7 割ほどが地面を移動すると言われている。つまり、地面の中に浸透する雨水は 3 割程度。そこで大切になるのが、庭の地表面に滞水する雨水を速やかに排除し、根腐れなどを防ぐため、地表面排水できるように造成、整地することである。

複数名を持つ植物

column

　植物の名称は一つとは限らず複数の名前を持つものがある。例えば、サルスベリの話をしているのに、なぜヒャクジッコウなのか？　と思うような経験がないだろうか。

　植物は通称名、学名、和名など複数の名前を持っており、そのいくつかを紹介する。

広葉樹

樹種名	他の名称	樹種名	他の名称
アオダモ	コバノトネリコ	シデコブシ	ヒメコブシ
カエデ	モミジ	ジューンベリー	アメリカザイフリボク
エゴノキ	エゴ、チィシャノキ	スキミア	ミヤマシキミ
ガマズミ	ヨツズミ、ヨウゾメ、ヨソズミ、ヴィバーナム	スモークツリー	ケムリノキ、ハグマノキ
		ソロ	イヌシデ、アカシデ
カマツカ	ウシコロシ	ナツツバキ	シャラ、シャラノキ、サルナメ
ギンバイカ	マートル	ハナズオウ	スオウギ、ハナムラサキ
ブラシノキ	カリステモン、キンポウジュ	ハリエンジュ	ニセアカシア
コブシ	ヤマモクレン、ヤマアララギ	コトネアスター	ベニシタン
ザイフリボク	シデザクラ	マルバノキ	ベニマンサク
サルスベリ	ヒャクジツコウ	ムクゲ	ハチス、キハチス
シダレザクラ	イトザクラ	ライラック	リラ、ムラサキハシドイ、ハナハシドイ

針葉樹

樹種名	他の名称	樹種名	他の名称
エレガンテシマ	オウゴンコノテカシワ	オウゴンニオイヒバ	ヨーロッパゴールド

灌木類

樹種名	他の名称	樹種名	他の名称
アベリア	ハナゾノツクバネウツギ、ニワツクバネ	シャリンバイ	ハマモッコク
ウツギ	ウノハナ	ヒュウガミズキ	イヨミズキ、ヒメミズキ
キンシバイ	ビヨウオトギリ	ピラカンサ	ホソバトキワサンザシ、タチバナモドキ
クサツゲ	ニワツゲ、ヒメツゲ	レッドロビン	セイヨウベニカナメモチ
コデマリ	テマリバナ		

下草・草花類

名称	他の名称	名称	他の名称
アジュガ	セイヨウジュウニヒトエ	ヒガンバナ	マンジュシャゲ
アスチルベ	アワモリソウ、アケボノショウマ	ビンカ・マジョール	ツルニチニチソウ、ツルギキョウ
エキナセア	ムラサキバレンギク		
エリゲロン	ベンケイコギク、ペラペラヨメナ	フクジュソウ	ガンジツソウ
カレンデュラ	キンセンカ	フロック・スパニキュラータ	オイランソウ
ゲラニュウム	フウロソウ		
ジニア	ヒャクニチソウ	ポピー	ヒナゲシ
スカビオサ	マツムシソウ	ホリホック	タチアオイ
ナスタチュウム	キンレンカ	ミスミソウ	ユキワリソウ
ニゲラ	クロタネソウ	モナルダ	タイマツソウ
バブテシア	ムラサキセンダイハギ		

第3章 植栽の維持管理の実践・技術

3-1　樹木の剪定の目的と方法

　樹木の剪定をしないで自然の生育のままに放置すれば、生い茂った枝で日照が遮られるため、庭は陰湿な場所になってしまう。このような環境は、樹木の生育を妨げるばかりでなく、住まいの環境や建物の耐久性にも影響が生じることになる。また、大きく張った樹木の枝が、道路や隣家にはみ出すようなことになれば、危険であるばかりでなく、近隣からの苦情の原因にもなる。

　住環境として、適切な日照、通風、防犯性の確保や、豊かな緑のある心地よさを継続していくためには、樹木の適切な剪定や手入れを欠かすことはできない。その一方で、剪定や落ち葉の清掃、害虫駆除などの維持管理が住まい手にとって大きな負担になってしまうことは問題でもある。

　植栽のある心地よいエクステリア環境を維持するためには、できるだけ維持管理の負担を軽減させることも、エクステリア計画のポイントである。そこで、植栽計画の段階を含めて、住まい手が緑を楽しむために必要な樹木の維持管理における基本的事項や、維持管理作業の中心となる剪定についてまとめる。

3-1-1　維持管理の負担を軽減する樹木の植栽・維持管理計画

A　環境に適合する樹木を計画する

　樹木の維持管理の負担を軽減するには、樹木の性質と植栽場所の環境条件が適合しているか否かが大きな要因になる。同一敷地内でも、湿度の程度、日照のわずかな違いなどにより生育状況や手入れの難易、管理の手間に差がでてくる。従って、好みだけを優先することなく、植栽地の環境と樹木の適合性を基本とした計画が、後々の維持管理の負担軽減のためには必要である。

B　自分で扱える大きさを維持する

　エクステリアの植栽を維持管理していくためには、経済的、体力的、精神的などのすべての面において樹木の剪定の負担を軽減することが大切で、そのポイントは、樹木を常に自分で扱える大きさに維持することである。

　例えば、カイズカイブキのように樹高が10m以上に伸びるような樹種を家庭の庭木や垣根樹にする場合は、計画的な剪定をして、住まい手が維持管理できる程度の大きさに保持することが必要である（写3-1）。

　造園業者などの専門家を頼まずに住まい手が維持管理できる樹木の寸法は、作業の安全性から、3段の中型脚立を使って手の届く3m程度の高さまでで樹頭を止めるとよいだろう。建物から離れたゆとりのある場所なのか、隣地や道路との境界なのか、窓先なのかなどの植栽場所によっても変わってくるが、危険を伴わないで作業ができる大きさを常に保っておくことが、樹木の維持管理の負担を軽減するポイントである。

3-1-2　樹木剪定の適切な時期

　樹木は性質から、針葉樹と広葉樹、常緑樹と落葉樹に大きく区分することができる。剪定の基本的な時期は、針葉樹は新芽の出る前の春先と秋に行う。常緑広葉樹は、寒さに向かう時期に強い剪定をすると樹勢が弱ってしまうので強剪定は避ける。落葉樹は、紅葉してから芽がでるまでに行う。

　さらに、花木の剪定には注意が必要である。剪定の

写3-1　カイズカイブキの生垣

時期や剪定の場所を間違えると、花の時期になっても花が咲かなかったり、実がつかないことが起こる。

〈花木の剪定〉

　花木は、一般的に花後すぐが剪定適期となる。花芽は、花後すぐに形成しないので、どの部分で剪定しても花が咲かなくなる心配はない。落葉期に剪定する場合は、すでに花芽が形成されているものが多いので、花芽のある枝を不用意に落としてしまわないように注意する必要がある。

　花や果実を楽しむ木のそれぞれにおいて、花芽を形成する時期（花芽分化期）と花芽のつく位置を知り、花芽を落とさないような剪定場所を確認する。花芽のできる位置は、表3-1の3種類に分類される。特に注意が必要なのは、①の当年の新芽の頂芽に花芽を形成し、翌年に開花するものを落葉期に剪定する場合で、花芽を落とさないようにしたい。

　花木剪定の注意点として、花芽の分化期と剪定時期などの例を図3-1に示す。

表3-1　一般的な庭木の花芽のつく位置と開花時期

花芽のつく位置	年内開花	翌年開花	参考図
①頂芽に花芽ができる	キョウチクトウ キンシバイ サルスベリ	コブシ シャクナゲ ツツジ サツキ ツバキ ハナミズキ モクレン ヤマボウシ ライラック	花芽
②側芽が花芽になる	キンモクセイ ムラサキシキブ コムラサキ テイカカズラ ヒイラギ	サンシュウ ハナズオウ （写3-2） ハナモモ ボケ モモ ユキヤナギ	葉芽 花芽
③頂芽と側芽が 　花芽になる	アベリア バラ ハギ フヨウ ムクゲ ヒペリカム ビョウヤナギ （写3-3）	ウメ リンゴ サクラ サザンカ フジ ボタン レンギョウ	すべて花芽

写3-2　ハナズオウ

写3-3　ビョウヤナギ

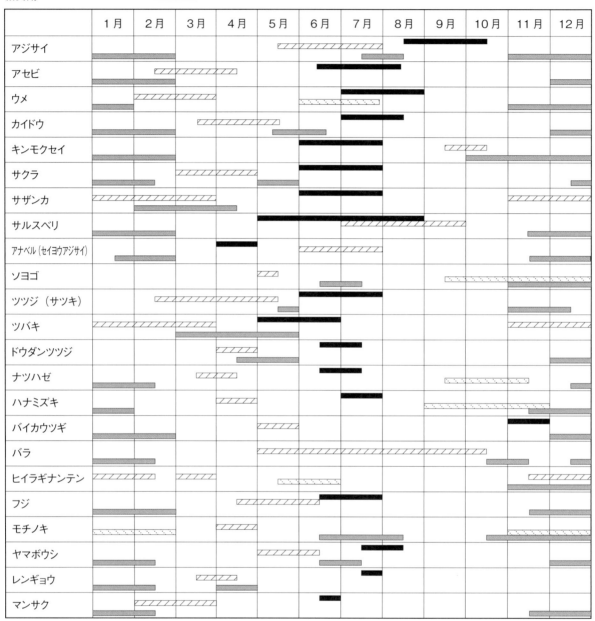

図3-1　樹種別の花芽分化期・開花期・剪定適期・結実期

3-1-3　樹木剪定の方法

樹木剪定における目的に応じた方法と、剪定場所についてまとめておく。

A　剪定の目的

樹木の剪定には目的や時期に応じていくつかの種類があるが、次の5項目に大きく分類される。

● 樹形を維持する……樹形と大きさを保つために、長い枝を切り、短い枝を残して枝を切り替える剪定で、切り戻し剪定を行う。想定した姿までつくり上げた樹形を保つ目的で行う剪定。

● 樹形を小さくする……大きくなりすぎた樹木を小さくする剪定。日照や通風確保などの目的（透かし剪定など）により剪定の方法が異なるが、後述する強剪定が多くなる。

● 幼木を育成する……将来の理想の樹形を想定しながら、不要な枝を除いたり、節間を小さくするような剪定。

● 美観を保つ……いわゆる忌み枝といわれる内側や下側に向いていたり、絡んでいる枝、風通しを悪くするような枝を整理して、樹形の美観を保つこと目的とした剪定。

● 樹勢を強くする……強剪定をすることで、枝を活性化させて勢いのある若い枝を育てるための剪定。

B　剪定の方法

● 刈り込み剪定……刈り込み面を造形する剪定方法。

● 透かし剪定……増えすぎた枝や不要な枝を切り、全体の枝の密度を調整する剪定方法。

● 切り戻し剪定……一定の高さや樹形を保つために不要と思える枝や幹を切り詰める剪定方法。樹形のイメージを残しながらサイズを小さくする時に行う。

● 芽つみ・緑つみ……新芽を手でつんで枝の成長を抑え、樹形を保つ方法。松の新芽をつむ方法がよく知られている。

C　剪定の強度と使い分け

　剪定には強剪定・中剪定・弱剪定とあり、枝の先端、枝の中途程度、枝元に近い所といった切る場所により、剪定の強弱をつけるが、目的により使いわける。強剪定は樹形を小さくしたい時などに使い、樹形維持が目的の場合は、弱剪定とする。樹勢を回復させたり、良い若枝を育てるためには、枝の2/3程度を落とす強剪定をすることもある（図3-2、3）。

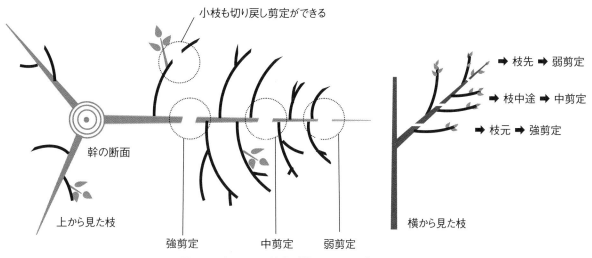

図3-2　切り戻し剪定（横に開いた枝）の強弱

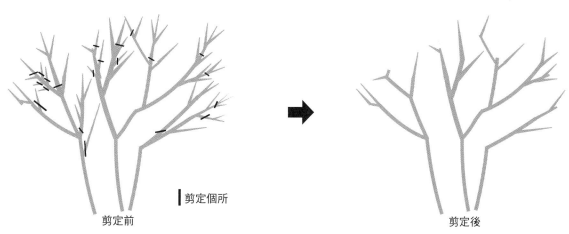

図3-3　剪定の強弱で樹形をコンパクトにする

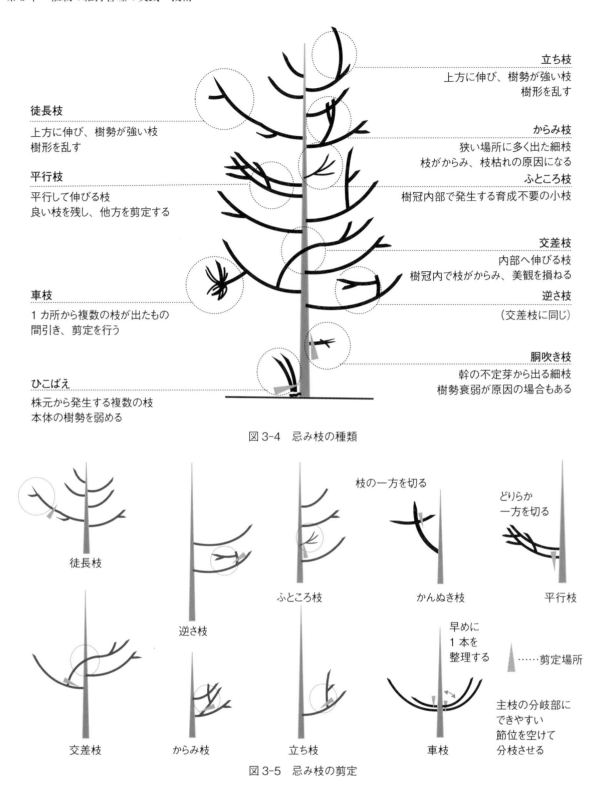

図3-4　忌み枝の種類

図3-5　忌み枝の剪定

D　忌み枝の剪定

　忌み枝とは、そこにあっては樹木の美観を損ねたり、日照や風通しを遮り病気や害虫の発生を促進させる枝で、これを取り除くことが剪定の基本である。忌み枝には、枝のつき方により車枝、逆さ枝、徒長枝、ふところ枝、ひこばえ、からみ枝、交差枝、平行枝、胴吹き枝などといわれるものがある。

　忌み枝の種類と剪定場所を図3-4、5に示す。

E　最終形を決めておく

　樹木には高木になるもの、人の背丈くらいまでしか大きくならないものなど、樹種により決まっている生来の樹高がある。さらに、低木には低木の、中木には中木の樹形や枝張りや葉形などの特性がある。

しかし、こうした特性は剪定によって調整することができる。例えば、高木の樹形・枝張りがほしいが、本来の樹高になってしまうと住まい手による手入れができないという場合は、手入れが可能な樹高や樹形の最終形を決めて剪定し、その樹形を維持管理することで、専門業者に頼らなくても維持管理が可能になる。

最終完成形または将来像の形態は、高さ、形状、枝の方向、他の樹種との調和を見ながら決めるとよい。

①高さ

将来の樹形をどのように想定するかによるが、住まい手による手入れが可能な高さであれば維持管理がしやすい。さらに、手入れの際に足元の安定を図るためには、脚立が安定して立てられ、作業しやすいゆとりのあるスペースを確保することも念頭に入れておくことが必要である。

成長の速い樹種は、管理を怠るとあっという間に住まい手が自ら管理できない状態になってしまうことがある。そこで、成長の遅い樹種を選ぶことも選択肢の一つとなる。2〜3年くらい手を入れなくても問題のない樹種などが該当する。

②形状

樹木の特性（前後左右への枝の張り方、上下への伸び方など）、周りの樹種との関係、植樹する目的（屋内の窓からの見え方、樹木による目隠しなど）を意識しながら、最終の形へと整える。理想の形になったら、シュート（勢いよく伸びる若枝）を切り、脇芽も小まめに摘み、できるだけその形を維持する。最終的な樹形が完成すれば、その後の管理は、あまり負担にならずに維持することができる。

3-2　暮らしの環境をつくる植樹計画と維持管理

エクステリアの植栽は、植物の機能・効果を活かしながら住環境の形成を行っていくことが必要である。ここでは、目隠し、景観、日照などの目的別に、植樹計画と維持管理の基本事項をまとめておく。

3-2-1　目隠し

道路や隣地からの目隠しを生垣などの植栽でつくるとき、基本的には枝葉の多い常緑樹を選ぶ。さらに、植栽スペースに余裕があれば、落葉樹や低木、草花、地被類を合わせて植栽することもある。目隠しとして機能させるため、隣り合う樹木の枝や葉が重なるように寄せて植えることが多い。こうした枝葉の密度が高くなることは、一方で、蒸れやすく、病気の原因となる菌や害虫の大量発生の原因となることもあるので、剪定・整枝で風通しをよくしながら美しい状態を保つ（図3-6）。

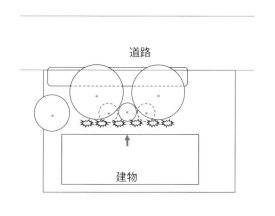

図3-6　目隠し植栽の管理されている状態・管理されていない状態

3-2-2 景観

室内から樹木や草花の緑が眺められると、季節と自然を日々の暮らしの中で感じることができる。屋外に出られなくても、新緑、花、万緑、紅葉、冬景色などの植栽の様子が、季節の移ろいや日々の天候を感じさせ、暮らしの楽しみとなる。そのためにも剪定などによる維持管理で眺めを整え、自然の変化を享受できるように保つ。それと同時に、道路など外部から見える住宅の緑は、街並みや地域景観を構成する要素の一つである。植栽は良きにつけ悪しきにつけ、その地域で暮らすうえで社会的要素になるともいえるので、街の景観を損ねないように維持管理していく（図3-7）。

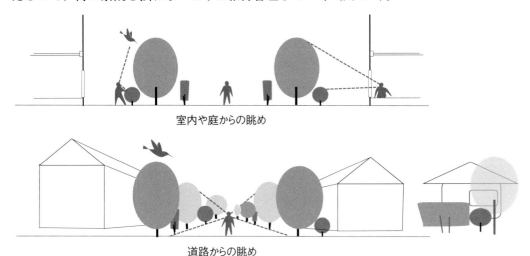

室内や庭からの眺め

道路からの眺め

図3-7 エクステリアの植栽は社会的要素でもある

3-2-3 日照

A 北側―明るさを保つ維持管理

日照条件は植物の生育に大きく影響する。

2階建て以上の建物の北側など、日のほとんど当たらない場所には日陰を好むか、あるいは耐えられる植物を選ぶ。イチイ、アオキ（斑入り）、ヒカゲツツジなどである。

天空が空いていれば樹木は成長するので、伸びた枝葉でさらに場所を暗くしないように、透かし剪定や切り戻し剪定で全体の明るさを保つ（図3-8）。針葉樹は下枝が日照不足で枯れることが多いので、上部が茂りすぎないように刈る。数年に一度は樹木の幹や全体の高さを調整するため、芯止め（樹木の頂部を切り戻す剪定）など大きな剪定をすることも考えておきたい。

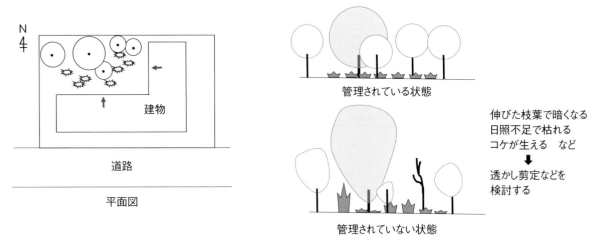

N

建物

道路

平面図

管理されている状態

管理されていない状態

伸びた枝葉で暗くなる
日照不足で枯れる
コケが生える　など
↓
透かし剪定などを
検討する

図3-8 北側植栽の管理されている状態・管理されていない状態

68

B 南側—速い成長に注意した維持管理

　南側の庭は日当たりに恵まれる主庭となり、樹木、草花ともに花や紅葉などを楽しめる植物を選ぶことが多いが、住まい手は樹木の北側を、道路などの敷地の外からは樹木の南側を、それぞれ眺めることになる。樹木は南側のほうがよく成長するために、住まい手が気づかないうちに不自然な樹形になったり、道路や隣地にはみ出したりすることもあるので、剪定などの維持管理で調整する（図3-9）。土壌などの生育条件が良好であればさらに速く成長し、手入れや維持管理の頻度は高くなる。

　植栽できる植物の種類も多いため、専門業者に依頼する作業と、住まい手が行う維持管理の範囲を把握して、管理計画を立てる。

　専門業者に依頼して行う作業には、高所および専門的な剪定、広範囲の害虫駆除、農薬散布、伐採、伐根などがある。住まい手による維持管理は、日常の掃除、害虫の防除、剪定、植え替えや、草花管理などである。

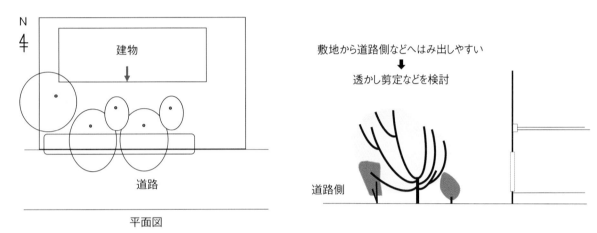

図3-9　南側植栽の注意点

C 東側—高さを抑える維持管理で冬の日差しを確保

　東側の庭は午前中の日当たりと、日差しによる温かさが期待できる。多くの種類の樹木や草花が植栽でき、安定した成長も望める。

　成長の速い樹種はできるだけ高さを抑える目的の剪定を行い、周囲とのバランスを調整する。常緑樹と落葉樹の葉陰のバランスがうまくとれると、夏は早朝に差し込む強い日差しを遮り、冬は午前中の日差しを取り込む生活環境を得ることができる。落葉樹は、落ち葉掃除が必要となる（図3-10）。

　地域や環境により強い寒風が吹き込む場合は、防風対策を考慮した維持管理が必要になる。

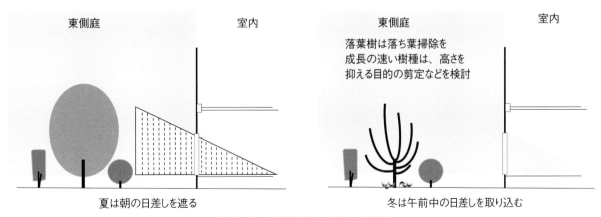

図3-10　東側植栽と日差しの調整

D　西側─夏の灌水と西日を調整する剪定管理

　夏になると西日が長時間差し込むが、西日による高温や乾燥は、植物の葉枯れや衰弱の原因となる。まずは高温や乾燥に強い植物を選ぶことが肝心であるが、良好な植栽環境を保つためには、夏は暑くなる前の朝と夕方に灌水を行ったり、葉にも水を撒いて乾燥とハダニなどの害虫の発生を防ぐなど、丁寧な日常の手入れが欠かせない。

　西側に落葉する中高木を植えると、夏は西日を遮り、冬は夕方の日差しを取り入れることができる。維持管理としては、透かし剪定などで樹木の大きさを調整する（図3-11）。

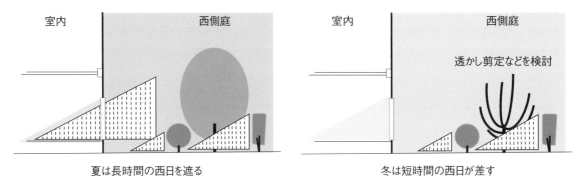

図3-11　西側植栽と日差しの調整

3-2-4　通風

　樹木の維持管理、手入れは住まいの通風に大きく影響する。心地よい風が通り抜け、葉擦れの音が聞こえるような維持管理を心がけたい。枝葉が茂りすぎたり、枯れた枝葉が放置されたりすると湿気が溜まり、建物にも植栽にも、さらに住環境としても良くない。日当たりのよい側は葉が茂りやすいので、風が通りやすいように剪定の頻度を調整する。

　敷地に対してどのように風が吹くかは、地域の気象、地勢、季節、敷地の向き、近隣の建物などの様々な条件に影響され、近年は高層の建物による強い風（ビル風）が発生する場合もある。気象データや周辺環境の把握・聞き取りにより、風向きや強さを考え、手入れや維持管理に組み込むことが大切である。風に強い植物でも、常に強風にさらされる場所では根がつきにくく、成長が遅くなる。強風により枯れてしまうことや、根の浅い植物だと風圧でぐらつき、根が切れて倒れることもある。

　防風を目的に樹木を列植している場合は、枝葉の密度に大きなばらつきがでないように剪定で調整する。樹木が風に耐えきれないようであれば、支柱や風除けフェンスの設置も考える（図3-12）。

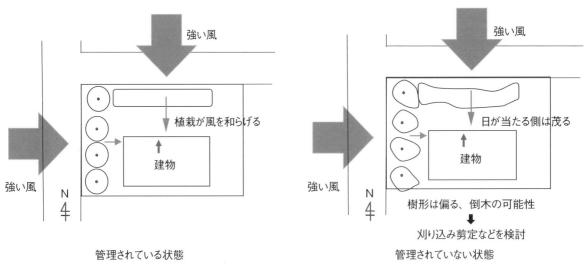

図3-12　通風対策として植栽の管理されている状態・管理されていない状態

3-2-5　樹木の仕立てによる環境づくり

A　エスパリエ

壁面の輻射熱を利用する目的で始まった樹木の仕立てで、平面に誘引した枝を地面と平行にすることで花芽をつけやすくしている。果樹と壁面の組み合わせ、収穫と観賞を兼ねた幾何学的な仕立てが多い。完成に数年かかるため、完成形の確認をしながらの誘引と、適さない場所に出た枝の剪定を頻繁に行う（写3-4）。

B　パーゴラ

木材や金属と樹木を組み合わせてつくられるパーゴラは、長方形、正方形、扇形、台形、菱形、円形などの形があり、多くはつる性植物を絡ませて楽しむ（写3-5）。よく見られる植栽としてフジ、バラ、ジャスミンなどがある。

● フジ……重量が増すことも考えながら全体に日が当たるように冬季に枝を抜き、切り詰めて誘引する。
● ツルバラ……3m以上伸びる品種を選び、冬季に棚に沿って剪定、誘引、結束を行う。
● ジャスミン……繁茂による蒸れを防ぐために花後の剪定と、適宜の強い切り戻し剪定などを行う。

それぞれの植物の性質とパーゴラに絡ませていることを考慮して維持管理をする。パーゴラの下は花がらなどが落ちるため、掃除が必要になる。

写3-4　エスパリエの例

写3-5　パーゴラの例

C　トピアリー

トピアリーは「植物を人工的・立体的に形づくる造形物」で、幼木を剪定しながら育ててつくりあげるもの、ある程度大きくなった樹木を刈り込んで形作るもの、数本を寄せるもの、針金のフレームに萌芽力の強いつるを絡ませるものなどがある。樹種はイヌツゲなど強剪定に耐え、枝や葉が細かく密度のあるものが向いている。形を維持するための管理が定期的に必要になる（写3-6）。

D　スタンダード仕立て

伸びた樹冠の上部一カ所から球形に枝葉が広がるように刈り込んで仕立てたものをスタンダード仕立てと呼ぶ（写3-7）。トピアリーの一種で、コニファー、オリーブ、バラ、ゲッケイジュなどが使用されるが、枝葉が軟らかい樹種をあまり刈り込まずに仕立てたものも最近はある。

写3-6　トピアリーの例

写3-7　スタンダード仕立ての例

3-3　剪定による維持管理方法

　樹木は、若い時から長期的に剪定・整枝で調整をすれば、幹の太さも樹高もコントロールできる。このことは、盆栽の技法でも知られている。また、庭園内でも、何百年もの樹齢の樹木が樹高を低く維持されている例を多く見ることができる。

　樹高を一定の高さに保つことは、切り詰め剪定や切り戻し剪定で可能になる。切り詰め剪定、切り戻し剪定で樹木の葉の量を減らすことにより、幹や枝の成長を抑えるからである。このように、樹木の維持管理にとって剪定は欠かせない。

　樹木の維持管理は長期的な計画（見通し）を持って進めなければならない。樹木の成長を観察しながら長期の維持管理計画を立て、1年〜3年を目安に剪定の方法、技法の変更も行いながら進める。また、剪定方法と同時に土壌管理、下草、地被植物などの補植修正なども考慮する。

3-3-1　現状を把握して読み解く方法

　樹木の維持管理においては、長期的な計画でも、その日の作業であっても、庭の植栽の現状を把握することが第一歩となる。植栽の現状を把握するためには、樹木の位置と樹高、枝張り、枝葉の密度、隣り合う木との間隔や重なり合いの程度、日差しの抜け方、当たり方などについて観察する。その際には、道路側（外観）から見た植栽や屋内から見た風景など、全体を観察したうえで樹木の配置を読み解くことが大切である（図3-13）。

　具体的には次のような事項に注意して読み解くことになる。

①庭の全体の樹木の高さ、幹の模様、樹冠による将来樹形を想い描く。

②前庭から建物外観との樹木の連続性を想い描く。

③下草や灌木も含めて、主景や各部位での樹形を想い描く。

④刈り込み剪定を行う場合の刈り込みの高さや葉張りの形を決める。

⑤樹木の配置による庭の明暗を想像する。

⑥枝先をむすんでつくる造形、連続性を想像する。

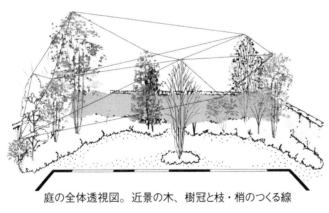

樹木の配植の基本は、庭全体に奥行感を出す不等辺三角形が基本となる。隣り合う樹木を結んで、3本ごとの構成を読み取る。不等辺三角形のパターンを平面的にも、立体的にも読み取り、それぞれを1単位として全体が不等辺三角形の組合せで構成されると、心地よい景観をつくることができる。

庭の全体透視図。近景の木、樹冠と枝・梢のつくる線

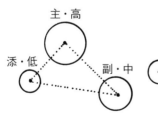

平面配置の不等辺三角形

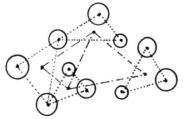

各不等辺三角形の中心をつなぎさらに不等辺三角形を読み解く

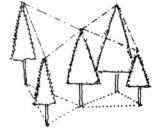

立体配置の不等辺三角形では高さも高中低の関係に

図3-13　庭の樹木配置の読み取り方法

建物周辺の背景やアプローチからの景色の変化、周辺の地形、気候、日照による陰陽などの条件を考え、樹高を将来どの程度にしたら好ましいか、樹形を維持できるかを判断して、剪定方針を決める。

3-3-2　樹木の一般的な剪定作業の手順

樹木の剪定作業について、専門業者が行う一般的な手順を紹介する。住まい手自らが剪定できなくても専門業者の剪定を知っていれば、作業依頼時や維持管理の計画にも役立つ。

剪定作業は、前述した庭の現状と全体構成を把握してから取り掛かるが、最初に庭の中で主となる樹木（主木）の剪定を行い、次に、主木以外の樹木に移る。

具体的には次のA～Cの順に剪定作業を行う。

A　前段階・準備

主木（庭の中で1番大きな木）の近くに立ち、幹や枝葉、樹冠を見る。さらに、主木と隣り合う前後左右の樹木（中高木と低木も含む）と下草も一緒に見るようにする。次に、過去の手入れ具合も見ながら、手入れの方法を決める。

B　主木の剪定

まず、樹木の頂部から剪定を始め、徐々に下の枝へと降りながら剪定を進める。枝葉を落とし、最後の下葉の剪定が済んだ後、もう一度樹形全体を見直して修正剪定をする。

C　主木の周りの木の剪定

主木と隣り合う周りの樹木の中で、樹高の高いものから剪定作業に着手する。その際、剪定作業が終了した主木に対して、どの程度の樹高が適切か、その次に高い木をどの木にするかを決めてから剪定作業に取り掛かる。主木の剪定作業と同様に、隣り合う灌木や下草との関係も見ながら、灌木や下草の樹姿や植栽密度を調整する（主木を引き立てる副木、添木の役目を考える）。

3-3-3　自然樹形を保つ透かし剪定

透かし剪定は、後述する仕立てものや生垣などの刈り込み剪定とは異なり、樹形や密度を調整するために行い、自然樹形を保つ目的を持つ（図3-14）。また、樹木の内部に日差しが入るようにすることで、病気や害虫などの予防にもつながる。樹木から少し離れて見た時に、その樹木が持っている自然樹形と

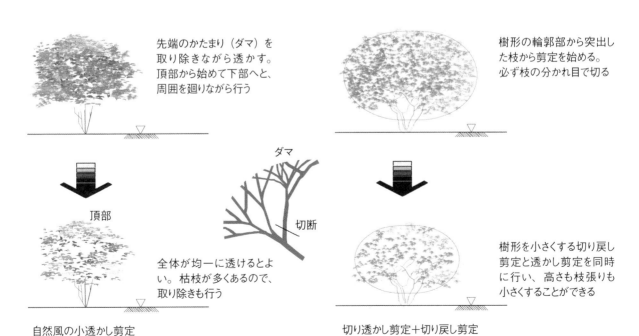

自然風の小透かし剪定　　　　　　切り透かし剪定＋切り戻し剪定

図3-14　灌木の透かし剪定

して調和が取れ、樹形も整っていることが重要になる。

　透かし剪定には、粗透かし（幹と枝が競うような太い枝を除く）、中透かし（粗透かしよりも細かい枝を除く）、小透かし（細かい枝を除く）の3つの方法がある。

3-3-4　刈り込み剪定

　刈り込み剪定は、一般的に生垣の剪定や灌木の玉仕立て、四方仕立てなどに用いられており、住まい手でも比較的取り組みやすいとも言える。だし、作業手順によって、仕上がりの良し悪しや作業速度が異なってくるので、適切な手順で行うことが重要である。

A　灌木角形仕立て（図3-15）

①前回の刈り込み位置を現状から見て推測し、灌木の頂部から刈り始める。頂部を水平にし、枝先が平らで一枚の板になるように仕上げる。

②次に、灌木の側面の四面を垂直に刈る。灌木を上から見て、四隅が直角になるように仕上げる。

③全体が刈れたら箒などで枯葉や切り枝を振るい落とす。

④刈り残した飛び出し枝がある場合は、再度全体を調整する。

⑤灌木の頂部の水平面、側面、各隅の直角をしっかり見直し、正方形または長方形に仕上げる。

⑥見付け（正面）の位置に立ち、庭全体を見ながら仕上げた灌木の状態を確認する。

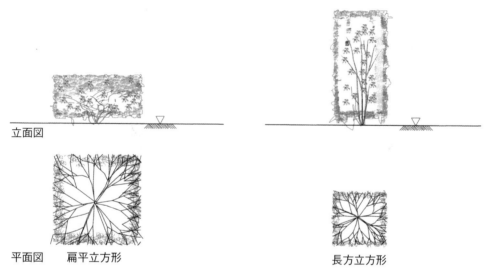

図3-15　角形仕立ての刈り込み剪定の例

B　灌木玉仕立て（図3-16）

①頂部から刈り込み始める。

②刈り始めは、左右の丸みが同じ形になるように上から下へ横側を刈る。

③立ち位置から向かい側を刈りながら廻る。

④裾の枝を刈り上げる。

⑤刈り終わったら、箒で枝葉を払い落としてきれいにする。枯枝があったら取り除く。枝葉の払い落とし後に飛び出てきた枝葉を刈り直して、仕上げる。

C　生垣（図3-17）

〈側面から刈る〉

①生垣の側面立上がり、小口から刈り始める。

②腰の高さくらいから始めると刈りやすい。前回刈った位置を確認しながら厚さを決める。

③中央から上に、そして、下に垂直に刈る。

④小口が刈り上がったら、次に生垣の前面および背面の中央から上に向かって垂直に頂部まで刈る。

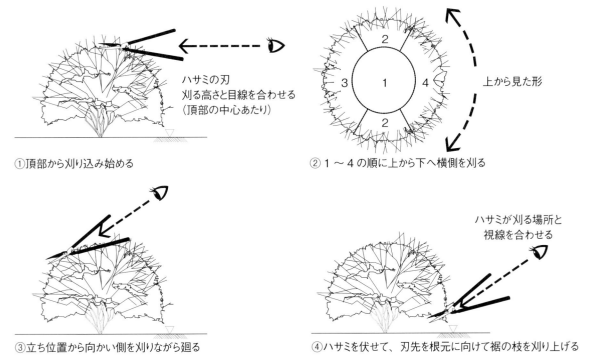

①頂部から刈り込み始める

②1〜4の順に上から下へ横側を刈る

ハサミの刃
刈る高さと目線を合わせる
（頂部の中心あたり）

2
3　1　4
2
上から見た形

③立ち位置から向かい側を刈りながら廻る

④ハサミを伏せて、刃先を根元に向けて裾の枝を刈り上げる

ハサミが刈る場所と
視線を合わせる

図3-16　灌木玉仕立ての刈り込み剪定の手順

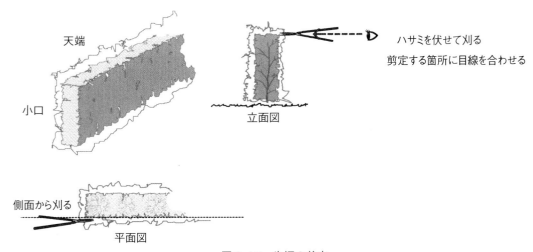

天端
小口
立面図
平面図

ハサミを伏せて刈る
剪定する箇所に目線を合わせる

側面から刈る

図3-17　生垣の剪定

⑤前面および背面の中央から下に向かって刈る。

⑥生垣の頂部は枝や幹が太くて勢いがあるので、強めに刈るくらいがよい。逆に下の方は枝も細くて弱いので軽く切りやすいため、葉先を揃えるつもりで刈るとよい。

〈頂部を刈る〉

⑦生垣の頂部は小口側から刈り始め、鋏は伏せて使う。水平に水糸を張り、それに沿って刈る。

⑧主に見せたい見付け（正面）側から刈り、裏側を少し強く刈ると正面側より少し下がるので、水平線がきれいに見える。

⑨刈り終わったら箒などで枝葉を払い落として、中にある枯枝を除去し、溜まった落ち葉などもきれいに取り除く。そして、枝葉の払い落とし後に飛び出してきた枝葉を刈り、仕上げる。

D　その他の刈り込み仕立て

　角形仕立て、玉仕立て以外にも様々な刈り込み仕立てがあり、組み合わせたものもある。その中でも、比較的よく見かけるものを図3-18、写3-8、9に示す。また、透かし剪定と刈り込み剪定の特徴を表3-2にまとめておく。

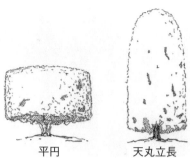

図3-18　円筒仕立てと円錐仕立て

立円柱　　　平円　　　天丸立長　　　円錐

写3-8　天丸立長仕立て

写3-9　生垣と円筒仕立ての組み合わせ

表3-2　透かし剪定と刈り込み剪定の特徴

剪定方法	形	剪定後の枝葉の量	光（明るさ）	風通し	木の内部	剪定の難易度	奥行感	特性
透かし剪定	自然	少ない	中に入る	良い	見える	難	ある	自然形で奥行がでる
刈り込み剪定	造形	多い	表面	悪い	見えない	易	ない	造形的な線、面が明瞭である
透かし剪定＋刈り込み剪定	造形＋自然	中間	中間	中間	見える	中間	中間	造形的でありながら、透けて見えるので奥行がある

3-4　樹種別の剪定方法

　樹木の剪定は、樹種により異なる。樹高による分類をはじめ、常緑や落葉、単幹や株立ち、成長の速い・遅い、暴れやすい枝などそれぞれ性質があるので、その特徴を理解しながら剪定することが大切である。さらに、同じ樹種であってもエクステリアとしての目的・役割が違う場合もあるため、目的・役割に応じて剪定するよう心がける。

　なお、剪定の適期は、落葉樹は休眠中の冬、常緑樹は寒さが苦手なので暖かくなってからが基本になる。

3-4-1　中高木の剪定

　中高木の剪定をする場合は、まず全体の大きさ、高さ、幅のアウトラインを決める。枝は上から下へ、太い枝から細い枝へと切り進めるようにする。乱れた樹形や茂りすぎた樹木の大きさを変えるため、古い大枝を剪定する。樹冠のラインを小さくつくり直す「大透かし」という剪定方法は、大枝を枝の途中ではなく付け根から切り落とし、細めで短い枝を残す。長い枝を取って短い枝を残すことで、樹冠を小さくすることになる。

　また、「切り戻し」と呼ばれる剪定方法は、伸びすぎた太枝を途中で切り、同じ方向に伸びる若い枝

と取り替えたり、新芽を出させる。こうすることで、切り落とした枝に代わり、小枝の成長が顕著になり、樹形を保ちながら樹冠を小さくすることが可能になる。小枝が混み合っている部分は、小枝を間引いたり、切り戻したりして枝の密度を少なくする。また、一つの枝に対して密度が均一になるよう心がける。

剪定例①……幹が1本の中高木の剪定

例：ハナミズキ、ヤマボウシ、コブシ【落葉・単幹】

　幹が1本の樹木の剪定は、不要枝を付け根から取り除き、シンプルでバランスのよい枝ぶりにする。幹芯を1本にするために、芯と並んでいる立ち気味の枝も切る。全体を眺めて、混み合った部分の枝、長すぎる枝を切って樹形を整える。幹から出た枝は、早めに芯止めして分岐を増やし、枝の太さを揃えるようにすると、花つきがよく、枝ぶりも抑えられる（写3-10）。

　ハナミズキ、ヤマボウシともに、翌年の充実した花芽をつくるための花後剪定と、樹形を整えるための冬の剪定を併用する。

●ポイント……切り戻し剪定と透かし剪定を常に行い、極端な太枝をつくらないようにする。

写3-10　ハナミズキの剪定前後

剪定例②……株立ちの中高木の剪定

例：ヒメシャラ、アオハダ、アオダモ【落葉、株立ち】、ソヨゴ【常緑、株立ち】

　根元から数本の幹が出ている株立ちの落葉樹は、幹の高さの下半分の下枝は適宜切り落とし、幹の根本をきちんと見せる。次に、幹の内側に伸びる枝、互いに絡んだり混み合ったりしている部分の不要枝を切る。平行枝は勢いの強いほうを切り、細い小枝も切り落とす。高さを抑えたい場合は、伸びるのが速い頂部の枝芯を切り戻し、脇の枝を頂部とする（写3-11）。

●ポイント……剪定後は枝ぶりがさみしく感じられる場合もあるが、成長した姿を想像して剪定する。

写3-11　アオハダの剪定前後

剪定例③……杯形の中高木の剪定

例1：スモークツリー【落葉、成長が速く暴れやすい】

　スモークツリーは杯形の樹形で、幹の芯が旺盛に伸び、脇枝が育ちにくいという特徴がある。他の枝と絡んだ勢いのある徒長枝は外向きの細い枝に切り替え、夏に伸びた太い枝のうちで不要なものは適宜切り詰めて、再萌芽させることで脇枝を増やす。冬季には勢いの強い枝を切り戻し、細かく込み合った細枝を間引いて樹形を整える（写3-12）。

　成長が速い樹木なので、放任すると地際から出る勢いの強いシュートや幹芯が、1年で大きく伸び、樹形を損なってしまう。不要枝を切り、勢いのある枝を幹の根元から切り取って、細い枝に切り替える剪定をする。

●ポイント……直立したい勢いのある枝は強い芽をもつので、放っておくとそこからまた同様の枝が伸びてしまう。伸長力を抑えるために、外向きに伸びた細い枝に切り替えることを心がける。

例2：セイヨウニンジンボク【落葉、成長が速く暴れやすい】

　セイヨウニンジンボクは大きくなると樹高3〜4mになる中木。枝数が多いほうではないが、成長力が旺盛で、剪定せずに放っておくと枝が横に広がってあっという間に茂ってくる。剪定の適期は落葉期の2〜3月が基本となる。前年に切り戻したところから2〜3本の新しい枝が勢いよく伸びて、その年の夏に花を咲かせる。その枝を翌年早春に、分岐点の近くまで切り戻すと、そこからまた枝が伸びて花を咲かせる。夏咲きが終わった花枝をすぐに切り戻すと、そこからまた枝が伸びて、再び花を咲かせることができる（写3-13）。

●ポイント……コンパクトな樹形に仕立てたい場合は、落葉期に地際に近い枝まで大胆に切り戻す。枝は切りすぎても次々と新芽が出て花を咲かせるので、剪定による失敗の少ない樹木である。

写3-12　スモークツリー　　　　　　　　写3-13　セイヨウニンジンボク

剪定例④……樹形を整える常緑樹の剪定

例1：モチノキ、常緑ヤマボウシ、キンモクセイ、モッコク【常緑、単幹】

　剪定は上部から始め、樹形を整えながら下部へと切り進める。頂部の枝が複数ある場合は1本だけにし、次に不要枝を切る大透かし剪定を行う。さらに混み合った部分の枝を切り落とし、最後に飛び出した枝を切り戻して、樹木全体が円筒形になるように輪郭を整える（写3-14）。

●ポイント……上段の枝からはよく萌芽するので強めに剪定してもかまわないが、中段や下段の枝からは萌芽しにくいので、あまり切りすぎないように気を付ける。

写3-14　常緑ヤマボウシの剪定前後

例2：ツバキ【常緑、単幹】

　ツバキにはいくつかの系統があり、園芸品種も多彩である。品種により、枝ぶりを活かして自然風に仕立てる場合もあるが、一般的には卵形に仕立てるほうが容易である（写3-15、16）。

　ツバキは成長が旺盛で分岐も多いので、しばらく手を入れないと樹形が乱れる。幹芯と競合する勢いのある立ち枝は付け根から切り、ほかの不要枝、脇枝も間引く。横に伸びすぎたり飛び出して樹形を乱している枝も切り詰め、全体の樹形を確認する。内部にある弱った枝や枯枝も切り落として風通しをよくする。ツバキの花芽は7月につくので、剪定はその前までか、花後の3～4月が適期となる。

● ポイント……横に伸びすぎた枝を切り戻す際は、一度に切らずに、段階的に切り詰めたほうが失敗が少ない。

写3-15　ツバキ（刈り込み）

写3-16　ツバキ（自然樹形）

3-4-2　低木の剪定

　樹高が低く幹の立つ形状をしているが、樹種により成長の度合いや萌芽力に違いがあるので、自然樹形に仕立てたり刈り込みにするなど、樹種に合った剪定を心がける。

79

剪定例①……常緑の低木の剪定
例：アセビ、ジンチョウゲ、クチナシ【常緑、単幹】
　アセビの生育は緩慢であり、放任しても枝葉が密に出て樹形がまとまるので、手間のかからない樹種である。花だけでなく、樹形の観賞価値も高いので、それを活かした剪定を心がける。樹冠から飛び出た枝を付け根まで切り戻し、内部の枯枝を取り除くだけでも十分である。
●ポイント……アセビは透かし剪定、切り戻し剪定を主とし、ジンチョウゲやクチナシは花後すぐに剪定する（写3-17、18）。

写3-17　アセビ

写3-18　クチナシ

剪定例②……落葉低木の剪定
例：ドウダンツツジ【落葉、単幹】
　ドウダンツツジは成長しても樹高2～3m程度の低木。萌芽力も強いので、自然樹形や刈り込みなど様々な樹形に仕立てることが可能な汎用性の高い樹木である。花を楽しむ場合は、花後の5～6月に剪定する。自然樹形に仕立てる場合はあまり強く剪定せず、不要な枝を付け根から切り落とした後、からみ枝や枯枝、弱った枝などを間引き、透かしていく。刈り込みにはいくつかの樹形があり、玉仕立て、角形仕立てなどの樹形に仕立てて楽しむことが可能である（写3-19、20）。
●ポイント……刈り込みはすべての新梢を切り戻す剪定なので、作業は花後に速やかに行う。

写3-19　ドウダンツツジ（自然樹形）

写3-20　ドウダンツツジ（刈り込み）

剪定例③……落葉低木の剪定
例：ナツハゼ、オトコヨウゾメ、ツリバナ【落葉、株立ち】
　ナツハゼは樹形が整いにくい樹木であり、剪定をあまり好まない。もともと日本の山に自生する樹木

なので、野趣のある自然樹形で楽しむのがよい。成長もやや遅いので、混み合う枝や徒長した枝を間引く程度で、特に剪定の必要はない。ツリバナは枝が広がりやすいので、横に広がる枝を切り詰めて樹形を整えるようにする（写3-21、22）。

● ポイント……あくまでも自然樹形を楽しむ。

写3-21　ナツハゼ

写3-22　ツリバナ

3-4-3　灌木の剪定

　灌木は幹と枝の区別がしにくく、幹は細く根から業生していて株立ち状の樹形となる。毎年古枝を切り、新しく出た枝に更新しながら樹勢を保つのが基本的な剪定方法だが、樹種によってそれぞれ違いがある。

剪定例①……落葉、株立ち／地際から切り戻すタイプ

例1：ハギ

　ハギは一部の種類を除いて、冬には地上部が枯れるのが一般的。枝先は地面に垂れ下がる樹形となる。放置するとかなりの大株になるので、冬季に地際から5～10cmを残して地上部を切り戻して株の更新をする。新梢が伸びている5月下旬に、根元から20cmくらいの位置でもう一度切ると花期は遅くなるが、背丈を低く仕立てられる。それより遅い時期に切ると、花芽がつかなくなる（写3-23）。

● ポイント……放置して株が大きくなりすぎた場合は、株分けするか、外へ広がっている枝を根元から切り取る。

写3-23　ハギの剪定前後

例2：アメリカアジサイ'アナベル'

　アナベルは春に出る新枝に花が咲くため、花芽がない冬季に剪定して、充実した新梢を伸ばすようにする。すべての枝を地際から5〜10cmのところで切り戻す強剪定にすると、枝に勢いが出て花が大きくなる。秋から冬にかけて充実した芽の上で軽く剪定する弱剪定にすると、そこから新しい枝がたくさん出るので、花数は多くなるが、花は小ぶりになる。強剪定と弱剪定を取り交ぜ、枝に長短をつけると、より華やかな株に仕立てられる（写3-24）。

●ポイント……アナベルはセイヨウアジサイと違って新梢に花芽をつける。剪定方法を混同しないように気を付ける。

写3-24　アナベルの剪定前後

剪定例②……落葉、株立ち／枝がよく伸び、枝垂れるタイプ
例：バイカウツギ、コデマリ

　バイカウツギは枝がよく伸びるので樹形を整えるために毎年剪定をする必要がある。夏から秋にかけて花芽がつくられるので、花が終わったら早めに剪定する。花つきの悪い枝は株元のあたりから剪定して間引くか、あるいは幹の途中から出ている若い枝または芽を残して切る。アーチ状の花枝の美しさを活かすには、枝は強く切り詰めない。株が大きく、古くなると花つきが悪くなるので、そのような場合は古い枝を切り戻して強い剪定をすると、枯れずにまた新しく枝が出て、株が若返る（写3-25、26）。

●ポイント1……バイカウツギの剪定は控え目に。花枝の自然の姿を活かして切るようにする。コデマリも花後の剪定が基本だが、剪定後の新芽の萌芽力が強く、夏までに再度剪定の必要が出てくる場合もあるので、花芽のつく前の梅雨入りの頃までが適期となる。強く伸びた徒長枝は切り詰め、枝の切り詰めと切り透かしをしながら枝数を調整して風通しを良くする。

●ポイント2……コンパクトに仕立てるには思い切った切り戻しが必要だが、弓なりに垂れる枝ぶりを損なわないように心がける。

写3-25　バイカウツギ　　　　　　　　　写3-26　コデマリ

剪定例③……落葉、株立ち／セイヨウアジサイ

　セイヨウアジサイは花が終わったあと、花から2〜3節下のしっかりした脇芽の上の部分で切り戻しを行う。この作業は遅くとも7月中には済ませる。切った後に伸びる新梢の先端に、9〜10月頃花芽がつくられる。花のつかなかった年の枝には翌年花が咲くので、切る必要はない。古くなった枝を切る場合は、樹形に注意する。樹形を小さくしたい場合は、枝を切り詰めるとともに、根元から枝を切って透かし、根元に日差しを入れて新芽の発芽を促す。アジサイはとても成長が速いので、剪定せずに放任しておくとすぐに大きくなってしまう。剪定のタイミングを逃さないように心がける（写3-27）。

●ポイント……花を眺めるのにちょうどよい樹高を保つ。

写3-27　セイヨウアジサイ

剪定例④……常緑、株立ち／強健で萌芽力の強いタイプ

例1：ヒイラギナンテン

　ヒイラギナンテンは枝分かれしにくく、根元から何本もの枝が出て徐々に混んでくる特徴がある。花後に赤い新芽が伸び、放置すると短い間に丈が高くなる。枝が分岐しにくいため、なかなか切り詰めにくいうえ、成長が速いので間延びして見える。混み合った枝は、古い枝から間引いて透かす。高く伸びた枝はどこで切っても2〜3芽吹き出すので、仕立てる高さより短く切り詰める。切り戻した枝から多数の小枝が出るので、2〜3本に間引いておく。剪定の最適な時期は3〜4月。この時期は芽吹く前なので、枝が成長する前に剪定することでバランスのよい樹形に仕上げることが可能になる（写3-28）。

●ポイント……マメにチェックして、伸びすぎたと思ったら早めに剪定を行うようにする。

例2：アベリア

　アベリアは生育旺盛で春から秋まで枝が伸び続けるうえ、生育期間中ならいつどこで切っても芽が吹いて開花するという剪定しやすい樹木である。ただし、この旺盛な成長力により樹形が乱れやすいので、大きくなりすぎないように樹形を整える。萌芽力がとても強いので強い刈り込み剪定にも耐えることができる。年1回程度の剪定ではすぐまた樹形が乱れてくるので、年2〜3回剪定して樹形を整えるのが理想的である（写3-29）。

●ポイント……斑入り種はそれほど大きくならないので剪定の負担は少なくなるが、花数は多くない。斑入りの葉色で楽しむのがよい。

写3-28　ヒイラギナンテン

写3-29　アベリア

3-5　草花の維持管理

　草花は生育上の特性から、植栽方法、開花後の手入れ、枯損に対する対処が樹木などの維持管理と違う部分が多いため、本節では草花の植え方から管理までをまとめる。

3-5-1　草花の分類

　草花とは花を咲かせ、樹木の幹に当たる茎が肥大成長せず、木化しない草本植物をいう。草花はホームセンターや園芸店の店頭に並び、入手しやすいこともあり、身近で馴染みやすい植物である。
　草花は園芸的な分類をすると一年草、二年草、多年草などがある（表3-3、図3-19）。

表3-3　草花の分類と特徴

分類		特徴
一年草		●播種から発芽・生育・開花・結実が1年以内のもの ●多くの種類は結実後に枯死する ●「春まき一年草」：温暖な季節に生育し、春から夏に開花する（ペチュニアやマリーゴールド等） ●「秋まき一年草」：寒さに強く、秋から冬に生育開花する（パンジーやビオラ、ハボタン等）
二年草		●播種から発芽・生育・開花・結実が2年以内のもので、越年生植物とも呼ばれる ●生育期間が長く、開花に時間がかかる ●ホリホック、カンパニュラ、ジギタリスなどの草丈が大型なものが多い
多年草	常緑（性）多年草	●複数年に渡り生育と開花を繰り返すものを多年草という ●多年草のうち、環境が合えば（特に温暖な地域）、冬季も葉が枯れずに生育し続けるものを常緑（性）多年草という
	宿根草（落葉）	●多年草のうち、葉を枯らして休眠、越冬し、暖かくなると生育を再開できる種類の草花 ●越冬できるかは、その草花の持つ寒さに対する強さ（耐寒性）による ●寒さに耐えきれなくなり、根まで完全に枯れてしまうものは、植栽地では一年草と呼ぶ ●植物の個々の耐寒性については、その植物の原産地の気候が参考になる
	球根（常緑、落葉）	●多年草の中で葉を枯らして、根や茎、葉が球状あるいは塊状となって養分を蓄える種類の草花 ●性質により、常緑性や葉を枯らす落葉性（宿根性）がある ●常緑タイプ：ゼフィランサス、アマリリス等 ●落葉タイプ：チューリップ、スイセン、ムスカリ、アネモネ等

備考：ラン、サボテン、多肉植物、タケ、ササなどは多年生植物（または宿根草）

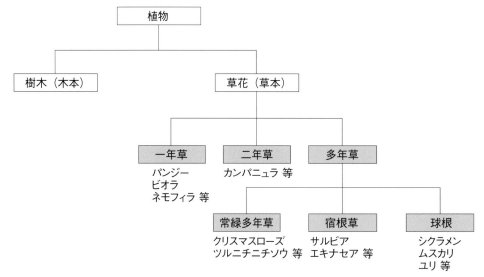

図3-19　草花の分類

3-5-2　草花の選び方

　草花を選ぶときには花で選びがちである。花色、花の大きさは草花の選定において重要だが、花の咲く期間は短いもので1週間、長いものでも数週間であり、長期間にわたり形状を変えず咲き続けるものはほとんどない。従って、年間を通じて花を楽しむためには、年に数回の植え替えも考えておかなくて

はならない。

また、草丈や葉張りといった形状を知っておくことも重要である。苗の購入時は、生産や輸送の都合から小さな鉢（ポリポットやプラスチック鉢）に植えられているものがほとんどであるため、あまり大きさに差はない。しかし、植え付け後は本来の生育をしていくので、生育が遅いものや速いもの、大きく生育するものといった育ち方や生育特性と形状を理解したうえで選定する。その際には、春から秋の期間に草丈がどのくらい伸びるのかを捉えることが重要である。大きく伸びるものは支柱を設置する、あるいは切り戻して草丈を整える必要がある。また、種類によっては繁殖力が旺盛なものがあるので注意が必要となる。

草花の植栽は、1種類のみということはまれで、数種類を選び組み合わせることが通常なので、花色や開花時期、草丈や生育の特性などを理解したうえで、周囲の樹木などとのバランス、植栽する場所の環境も考慮しながら草花を選定する。

A　草花選定のポイント1―比較的維持管理しやすいものと観賞時期

エクステリアの草花を選定する場合において、開花、生育、維持管理、環境適応の性質から、それぞれについて比較的維持管理しやすいと思われる草花の例を表3-4に示す。また、植え替えを考える場合に必要となる観賞時期別の草花の選定例を表3-5に示す。

表3-4　性質別の選定のポイントと草花例

性質	選定のポイント	草花例
開花	●開花期間が長い ●連続開花する ●花つきがよい	アゲラタム、アメリカンブルー、アリッサム、サルビア、センニチコウ、ニチニチソウ、ノースポール、パンジー、ビオラ、ベゴニア、ペチュニア、ペンタス、ポーチュラカ、マーガレット
生育	●丈夫で正常な生育 ●害虫がつきにくい	カンナ、サルビア、センニチコウ、ニチニチソウ、ベゴニア、マーガレット、マツバギク、ルドベキア
維持管理	●栽培がしやすい ●移植や切り戻しに強い	アガパンサス、アメリカンブルー、オミナエシ、キク、ギボウシ、クリスマスローズ、サルビア、シロタエギク、ノースポール、ハツユキカズラ
環境適応	●温度変化に影響されにくい ●降雨に影響されにくい	アゲラタム、アメリカンブルー、クリスマスローズ、サルビア、シロタエギク、センニチコウ、ナルコユリ、マーガレット、ミソハギ

表3-5　観賞時期別の草花選定例

観賞時期	草花選定例
春	スイセン、チューリップ、デージー、ネメシア、ネモフィラ、マーガレット、ムスカリ、リナリア、ワスレナグサ
夏	アゲラタム、アメリカンブルー、インパチェンス、カンナ、ギボウシ、サルビア、トレニア、ニチニチソウ、ペチュニア
秋	オミナエシ、ガーデンシクラメン、キキョウ、キク、センニチコウ、ナデシコ、ベゴニア、マリーゴールド
冬	カルーナ、スイートアリッサム、ノースポール、ハボタン、パンジー、ビオラ、プリムラ
常緑 （開花時期）	アジュガ（春）、テイカカズラ（春）、ハツユキカズラ（春）、アガパンサス（夏）、シロタエギク（夏）、ヒューケラ（夏）、ツワブキ（秋）クリスマスローズ（冬）

B　草花選定のポイント2―栽培環境別

草花の生育は植栽する場所に大きく影響されるので、環境条件に適合した草花を選ぶ必要がある。基本的な環境条件としては、日照、耐寒性と耐暑性、植栽する土壌の乾燥条件が挙げられる。

日照条件は、日当たりを好む陽性植物と、直射日光を好まない陰性植物に大きく分けられる。陽性植物は南側やベランダでの植栽に適しており、陰性植物は建物北側や軒下、樹木の下などの半日陰に植える。観賞時期別の日照条件に応じた草花の選定例を表3-6に示す。

植栽地の気候も選定の大きな要素であり、寒さ（耐寒性）や暑さ（耐暑性）に強い草花は、植栽後の維持管理が容易になるともいえる。さらに、植栽する土壌の状態も考慮する必要があり、土壌条件が草花に適さない場合は、生育障害を起こすこともある。耐寒性と耐暑性が高い草花の選定例を表3-7に、土壌の乾燥条件による草花の選定例を表3-8に、それぞれ示す。

表3-6　観賞時期別の日照条件に応じた草花選定例

観賞時期	日当たりの良い場所を好む陽性植物	半日陰から日陰を好む陰性草花
春	アネモネ、イベリス、シバザクラ、デージー、マーガレット、ラナンキュラス	アジュガ、イカリソウ、エビネ、シャガ、ヒマラヤユキノシタ
夏	アガパンサス、アゲラタム、サルビア、ペチュニア	インパチェンス、ギボウシ、コリウス、ヒューケラ
秋	キク、ケイトウ、ジニア、センニチコウ、ベゴニア	シュウカイドウ、ダイモンジソウ、ホトトギス
冬	キンギョソウ、ストック、ノースポール、パンジー、ビオラ	ガーデンシクラメン、クリスマスローズ、フッキソウ、プリムラ

表3-7　耐寒性・耐暑性が高い草花選定例

	耐暑性（高）	耐寒性（高）
植物名	アガパンサス、ガウラ、カンナ、サルビア、ニチニチソウ、ルドベキア	オキザリス、キク、クリスマスローズ、フクジュソウ、ユリオプスデージー

表3-8　土壌の乾燥条件による草花選定例

	乾燥した土壌を好む	湿った土壌を好む
植物名	イベリス、カンパニュラ、キバナコスモス、コスモス、ジャーマンアイリス、ポーチュラカ	アスチルベ、インパチェンス、クリスマスローズ、シュウメイギク、トレニア、ホタルブクロ

3-5-3　草花の植栽

　草花の植栽においてはまず、エクステリアに適した植栽デザイン、植物選定、数量を決定してから草花を購入し、その後は、植栽場所の既存植物の整理、除草、土壌改良を行ってから植え付ける。ここでは、購入後の植え付け手順についてまとめる（具体的な作業は図3-20を参照）。

A　植え付け準備

　次の①〜⑤に留意して植え付け準備を行う。

①植栽地の整地

●枯れた草花、雑草、石、ゴミを取り除く。

●土をならし、排水状態を確認する。

②既存植物の手入れ

●花がら摘み、切り戻し、整枝を行う。

●株が大きいものは、株分けや移植を行い、植栽地を整える。

③客土、土壌改良

●土が減っている場合は客土する。

●土壌改良資材（堆肥、腐葉土などの有機質資材）を $20 \sim 30 \ell/m^2$ すき込む。

●主な有機質資材

　完熟堆肥：有機物（主に牛ふん、馬ふん）を完全発酵させたもの。

　腐葉土：落葉広葉樹の葉（落ち葉）を完全発酵させたもの。

　パーライト（小粒）：水持ちと水はけを良くする。

　もみ殻燻炭：水はけを良くし、殺菌効果、土壌微生物の住処となる。

④施肥

●冬季の場合：有機肥料 $200 \sim 300g/m^2$ または化成肥料（N8-P8-K8）を $100 \sim 150g/m^2$ 施す。

●追肥の場合：化成肥料（N8-P8-K8）$50 \sim 70g/m^2$ を植え替え時とは別に年2回程度与える。

⑤植栽密度・配置

●草花の成長（葉張り、草丈、草姿）を考慮した設計図に基づいて配置する。

●植え付けの株間は、植物の根張りを考慮した密度で配置する。

1. 草花の調達
設計図から草花種類と数量を確認して調達

2. 整地
不要な既存植物、雑草などを取り除き、整地、客土、土壌改良を行う

3. ポットを配置する
生育後の葉張りを考慮して千鳥状に配置

4. 植穴を掘る
鉢より一回り大きい植穴を掘る

5. ポットを外す
根や下草の状態も確認

6. 根をほぐす
不要な根は取り除く

7. 植穴に根を入れ、土を寄せて抑える

8. 適宜球根を植える
季節により種類を選択(例:チューリップ)

9. 施肥
元肥として化成肥料（N8-P8-K8）を施す

10. 灌水
数回に分けて十分に行う

11. 完成
周囲の掃除を行う

図 3-20　草花の植え付け手順

〈植栽密度の目安〉

●一年草類と球根は25〜36ポット/m²（植え付け株間：20〜16.7cm）。

　一年草……パンジー、ビオラ、デージー、インパチェンス、ニチニチソウ、トレニア、ナスタチウム、スイートアリッサムなど

　球根……チューリップ、スイセン、ヒヤシンスなど

●宿根草類は9〜16ポット/m²（植え付け株間：33〜25cm）。

　アカンサス、ギボウシ（大型）、ジャーマンアイリス、アガパンサス、クリスマスローズ、アスチルベ、アリウム（大型）ツワブキ、デルフィニウム、トリトマなど

●配置は葉の重なりを考慮し、千鳥状に配置する。

注　一年草規格：9〜10.5cmポット、宿根草規格：12.0〜15.0cmポットを使用

B　草花の植え方

　植え付けは風のない晴天日の午前中に行うとよい。雨の翌日や雨天時は土が固まりやすいために植物が土となじみにくく、植え付け後に活着しにくい。植え付け時における主な留意事項は次の通り。

①根の状態と対処方法

　根が白く健康で、適度な密度に広がっている場合にはそのまま植えるが、ポット内で根が回り硬くなっているもの、黄変あるいは褐色となり劣化している場合には、根をほぐして不要な部分を切ってから植え込みを行う。

②植え込みの深さ

　植物の株元が埋まらないように注意する。深植えになると根腐れや生育不良を起こしやすい。また、浅植えは根が乾燥しやすいので枯死の原因となる。

③灌水

　土、植物が馴染むように、蓮口のついたホースを使用して数回に渡りしっかりと灌水を行う。地中に空洞があると灌水後に沈む（くぼみができる）ので、土を寄せて均す。

3-5-4　植栽後の維持管理1　摘芯

　摘芯（pinching、ピンチ）とは茎や枝の先端を鋏や手で除去する作業のことである。植物は芽の先端に成長点があり、上に伸びる性質があるが、摘芯して成長点を除去すると「頂芽優勢」の性質が失われて、脇芽の成長が促進される。摘芯を行うと枝葉が増えて形の良い草姿となり、花芽も多くなる。摘芯は必ずしも必要ではないが、草花類は草丈の上へ伸びる力が強く働くと倒れやすくなるので、支柱の設置も考慮する。

　摘芯の方法を写3-30、31に示す。

写3-30　摘芯（手で行うこともある）

写3-31　摘芯後

3-5-5　植栽後の維持管理 2　花がら摘み

　花は一定期間咲いたら花弁が萎れて枯れるが、散らずに残っている枯れた花のことを「花がら」と呼ぶ。草花を美しく見せるためには、萎れた花びらだけでなく花茎を取る「花がら摘み」を行う。簡単であるが、草花の維持管理では大切な作業である。

A　花の形と付き方

　多くの草花は開花適期を迎えると花が咲くが、花の形や付き方は草花の種類によって異なる（図3-21）。下から上に、周りから中心に向かって花の咲く総状花序はジギタリス（写3-32）やギボウシ、花軸の上が広がり、柄のない花をつける頭状花序はタンポポやヒマワリ、ジニア（写3-33）、花軸の先に花柄を持つ花が傘状に咲く散形花序はヒガンバナ（写3-34）、複散形花序はヤツデがある。

　枝分かれをせずに先端に花を付ける単頂花序（チューリップやカタクリ、写3-35）のように頂点に一つ咲く花と、単一の花序が複数集まる複合花序のように多数の花が様々な形で枝先に付いて咲く花があり、多数咲く場合には下から開花していくもの（総状花序や穂状花序、写3-36）、外側から開花するもの（散形花序や頭状花序、写3-37）などの違いがある。

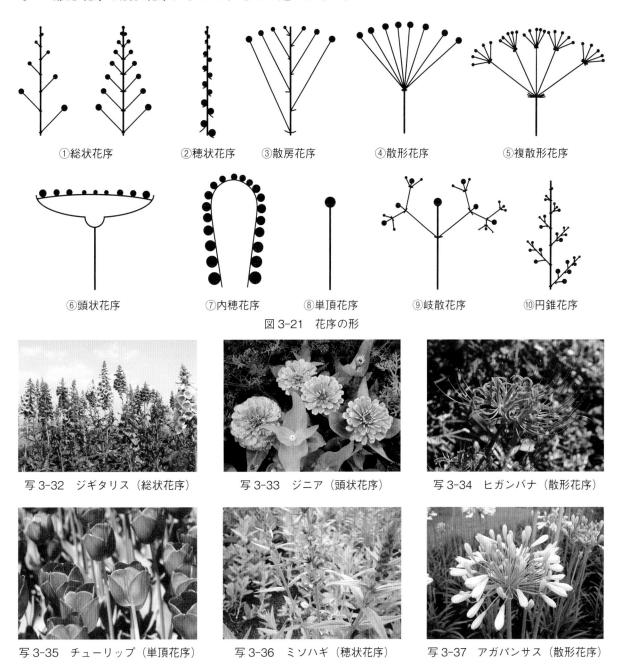

①総状花序　②穂状花序　③散房花序　④散形花序　⑤複散形花序

⑥頭状花序　⑦内穂花序　⑧単頂花序　⑨岐散花序　⑩円錐花序

図 3-21　花序の形

写 3-32　ジギタリス（総状花序）　写 3-33　ジニア（頭状花序）　写 3-34　ヒガンバナ（散形花序）

写 3-35　チューリップ（単頂花序）　写 3-36　ミソハギ（穂状花序）　写 3-37　アガパンサス（散形花序）

B　花がら摘みの効果

花がら摘みの効果としては、次の①〜④がある。

①花株を美しく見せる

咲き終わって萎れた花を取り除くことで、花株全体を美しく見せる。

②花つきを良くし、開花を促進する

後に控える蕾が開花しやすくなり、花も大きくなる。

③株を老化させない

花が終わると種ができるが、花をそのままにしておくと、種子をつくるために養分を多く必要とするので、花つきが悪くなるなどの花株の老化が進んでしまう。こうした老化を防ぐ。

④病気やカビの発生を防ぐ

草花に残された花がらは、雨や湿気で水分を含み、腐ったり、カビや病気の発生原因になるので、花がらを摘むことで防ぐ。残された花がらが原因で発生する代表的な病気の「灰色かび病」は瞬く間に蕾や枝葉に広がり、花株を腐敗あるいは衰弱させることになる。また、花がらが地面に落ちて発生するカビなどが広範囲に広がり、花株が大きな被害を受けることもある。

C　花がら摘みの方法

①作業回数とタイミング

花がら摘みは、各種草花の開花時期の花もち（花が萎れずに長持ちする度合い）に合わせて毎日あるいは数日ごとに行う。また、降雨前に花がら摘みを行うことで、灰色かび病の発生予防につながる。

②花がら摘みの仕方

萎れた花や枯れた花を選んで、花の下の花茎ごと摘み取る。花茎の軟らかいものは手で摘み取り、硬い場合には園芸用鋏を使用して切り取るとよい。花と蕾が混在する場合は、萎れた花や枯れた花のみを摘み取り、蕾を傷つけたり、摘み取らないように注意する。その際に新芽が伸びて蕾をつけることもあるので、枝葉の出方に注意して摘み取り位置を決める。草花の種類の多くは茎と葉柄の元から新芽がでてくるので注意する（表3-9、写3-38、39）。

3-5-6　植栽後の維持管理3　切り戻し

切り戻しとは伸び乱れた枝や茎を切り取り、草姿を整える作業で、剪定方法の一つである。見映えを美しくするだけでなく、花株内部の風通しを良くし、枝や花数などを増やす。

A　切り戻しの目的

①草姿を整える

花後や徒長による草姿の乱れを解消し、草姿の大きさや形を整える。生育が良い場合でも、枝葉が乱れると草姿は悪くなり、草花植栽の美しさは失われるので、これを防ぐ。

②開花を促す

切り戻し作業は、花つきの悪さを改善して生育を促す。不要に伸びた枝葉は草花の栄養を無駄遣いする。不要な枝は新芽のすぐ上で切ることで、脇芽や蕾を増やして開花を促す効果がある。

③病気や害虫の予防

枝葉が込み合うと株の内部に日が当たらず、風通しも悪くなるため、病気や害虫が発生する懸念が高まる。伸びすぎた枝や茎を切り戻すことは、良好な生育状態に改善することになる。

B　切り戻しを行う時期と注意事項

①開花後に行う

切り戻しは開花後に行うのが一般的で、開花後すぐに花茎か枝元から切り戻す。花後に伸びた枝葉は勢い良く伸びるため草姿を乱し、また、伸びた枝には葉が多くつくので、花株の内部の葉が黄変または

表3-9　花がら摘み

花がらの切り方	 茎で切る	穂・房で切る	 枝で切る
植物例	ガーベラ、デージー、ニチニチソウ、パンジー、プリムラ、ペチュニア、マーガレット、マリーゴールド等	キンギョソウ、サルビア、ジギタリス、ゼラニウム、デルフィニューム、ラベンダー、ランタナ、ルピナス等	アイリス、アガパンサス、アジサイ、キク、クレマチス、シオン、ダリア、バラ、ヘメロカリス、ボタン等
注意	一つ一つの花を切り、控えている蕾を咲かせる	枯れた花を摘みながら、おおむね咲き終わったら穂または房ごと切る	枯れた花を摘みながら、おおむね咲き終わったら枝ごと切る

写3-38　花がら摘み前　　　　　写3-39　花がら摘み

落葉したりすることを防ぐために、切り戻しを行う。

②不要な枝が多い時に行う

　枝葉が増えると、枯れ枝や細く未熟な枝も発生する。古い枝は脇芽が出にくく、花つきも悪くなる。また、宿根草の休眠明けは勢いよく枝葉が出るので、本数が多い場合には適切な本数に切り戻す。

③梅雨時の切り戻し

　梅雨の時期は過度の水分や、日照不足により草花も軟弱になりがちで、病気が発生したり、増えやすい時期であるため、梅雨入り前に切り戻しを行う。また、雨天時の不要枝の切り戻しは切り口が乾燥せず、病気が発生することがある。近くの花株に病気がないか確認し、病気の株がある場合には鋏などを消毒して、病気が移らないように注意する。切り戻し作業は、天気の良い午前中に行うのがよい。

④生育が悪い時は無理に行わない

　葉が少なく、枝が軟弱な場合は、無理な切り戻しをしないようにする。切り戻しを行うことでかえって生育障害を起こし、枯死することもある。

C　切り戻しの方法

　切り戻しは、花株の状態を見て切り戻し位置を決める。生育が悪い場合は、枯れ枝と細い枝を切る程度の弱い切り戻しを行い、生育を促す。枝葉が多くて生育の良い場合は、強い切り戻しを行ってもよいが、強く切り戻すことで徒長枝が出ることがあるので注意する。

　その他、次の①～③に注意して切り戻す。切り戻しの例を写3-40～42に示す。

①良い芽の上で切り、日差しに当てるようにして新芽や脇芽の生育を促す。

②枝の本数が多い場合は、枝元から切り戻す。

③株全体が大きくなりすぎている場合には、草丈の1/2～1/3の高さの芽の上で切り戻し、草姿を整える。

写3-40　切り戻し前

写3-41　弱い切り戻し

写3-42　強い切り戻し

3-5-7　植栽後の維持管理4　台刈り

　茎や根の生育を促すために、秋季から冬季に地際近くで強く切ることを台刈りという。また、夏季から秋季に花が咲く大型の宿根草は、6月初旬に地際から10cmほどの高さで切り戻すと草丈を低く（1m程度）仕立てることができる（写3-43、44）。

● 台刈りに適した植物……クジャクアスター、ルドベキア、キク類、秋咲きサルビア類、ガウラ、ススキ、グラス類など

● 高めに台刈りするとよい植物……オミナエシ、ワレモコウ、キセワタ、ミソハギ、シュウメイギクなど

写3-43　ススキの台刈り前

写3-44　ススキの台刈り後

3-5-8　草花の植え替えと補植

　草花に適した環境に植え付けた一年草は、よく育ち、多くの花をつけ、植栽後数カ月は花を観賞できる。しかし、生育に適さない高温あるいは低温に晒されると生育できなくなり、衰弱したり、枯死する場合がある。手入れをしても生育の見込みがない、あるいは植栽景観を悪くする可能性がある場合は、抜き取って植え替える。

　一般的な一年草の植え替えは、花壇などの一年草植栽をすべて抜き、植え替える。

　一方、まだ生育状態が良いものは残して枯損株のみを抜き取り、周囲の植物となじむ新たな草花を植えることを「補植」という。補植は草花が枯れて植栽地の一部に裸地が発生するような場合に、周囲の植物と調和をとるために植栽時期にかかわらず行う。枯死した草花と同種類、あるいは周囲の草花になじむ種類を選び、裸地面積に合わせた株数を植栽する。

〈植物を見切る時期〉

　一年草を見切るのは、見た目が悪くなり、軟弱化あるいは枯死する時期である。見切る時期とは、つまり花株を抜き取る判断をする時期である。草花の耐寒性、耐暑性の強さなどによって見切る時期は変わるので、植物の状態により判断する。植え替える草花は、植え替え後に訪れる季節（特に温度）に対応するものを選ぶ。一年草にこだわらなくてもよい。

　また、生育状態に限らず、花壇などで季節感の演出をする場合には、季節に応じた草花で存在感を出すために一部の植え替えをすることもある。

3-5-9　大きくなりすぎた宿根草の対処法

　大きくなりすぎた宿根草（多年草）は、周囲の植栽に葉がかぶり日照や風通しを悪くしたり、周囲の植物の生育を阻害して、弱らせることがある。また、イメージした植栽のバランスを大きく損なうことも多い。生育に極端な差がある場合には、宿根草の株分け、移植を行って生育環境と美観を整える必要がある。

A　株分け

　生育しすぎた宿根草は株分けを行い、一つの株を小さくする。

①株分け適期

　春の発芽前（秋咲き種）と夏越し後の 9 ～ 10 月（春咲き種）に行う。春に勢いのよい新芽を株分けして株を更新すると、その後の生育もよく、活着しやすい。

②宿根草の増え方

　宿根草の増え方には、周囲に芽数が増えるものと、地下茎で周辺に広がって増えるものがある（表 3-10）。地下茎タイプは旺盛に繁殖するものも多く、はびこると周囲の植物を弱らせることもあるため、増えすぎた株は間引きや抜き取りをして適当な分量に減らすことで、他の植物との調和を保つように心がける。

表 3-10　増え方による宿根草の例

芽数で増える宿根草	地下茎で増える宿根草
カンパニュラ、キキョウ、ギボウシ、ジャーマンアイリス、シラン、ススキ、ツワブキ、トリトマ、ハナショウブ、ヒマラヤユキノシタ、ヘメロカリス、ペンステモン等	アイビー、アジュガ、カキドオシ、シラユキゲシ、スズラン、ノコギリソウ、ハツユキカズラ、ハナトラノオ、フィカスプミラ、フジバカマ、フロックスパニキュラータ、ホトトギス、ミント、モナルダ、ワイヤープランツ等

③株分け作業

　宿根草を掘り上げて、古い根や長い根、腐った根、枯死した根などの不要な根を除去し、スコップや鋏、刃物などで芽を傷つけないように注意して、株の大きさを半分から 1/4 程度に分ける。分けた株は、一部を元の場所に植え、残りは他の場所などに植える。株分けは大きくなった株を小さくするだけでなく、生育が悪くなった古くて大きい株を再生させるために行う場合もある。

B　移植

　草花の植え替えをすること、あるいは場所を変えて改めて植えることを移植という。移植には環境が合わず衰弱した植物を保護して生育を促すための移植と、株が大きくなりすぎたことで周囲に悪影響を与えているために場所を変える移植がある。大きくなりすぎた場合の移植は次のようになる。

〈移植の時期〉

　移植に適した時期は、株分け適期と同じく早春または秋（10 月頃）となる。

〈移植の方法〉

①移植する植物の大きさ、根張りを把握して移植場所（庭または鉢）を検討する。

②移植場所を整地し、根の大きさより二回り程度大きな穴を掘り、土壌改良資材を投入して土をほぐす。鉢に植え替える場合は、根の大きさより一回り程度大きな鉢を準備する。小さな鉢の場合には、株分けして植え付けることもある。

③移植する植物の根を傷めないように、株の周囲を十分広くとってスコップを差し込む。特に地下部の底辺部分は掘りにくいため、慎重に掘り起こす。

④土を落とさないように注意し、移植場所へ運搬して良質な土で植え付ける。この際、肥料は投入しない。

⑤十分に灌水を行い、土と根を密着させて生育を促す。茎が安定しない場合は支柱を設置して結束する。

⑥移植後2週間程度は灌水を行い、根が水を吸い上げているかを確認する。

〈移植を嫌う植物〉

　草花には移植を嫌うものも多く、その多くは根が直根性の植物である（表3-11）。直根性とは、根が枝分かれすることなく地中深くまでまっすぐに伸びていく性質である。移植により太い根を痛めるとダメージは大きく、衰弱や枯死することもある。直根性の苗は購入後になるべく早く植え替え作業を行い、植え付けの際に根を崩したり、土を落とさないように注意する。

表3-11　移植を嫌う植物の例

科	植物例
ケシ科	ハナビシソウ、ポピー
マメ科	スイートピー、ルピナス
アブラナ科	イベリス、スイートアリッサム
上記以外	アサガオ、クレマチス、ケイトウ、ナスタチウム、ネモフィラ、ヒマワリ、ボリジ、ヤグルマソウ等

3-6　四季への対応

　日本には四季があり、温度、日差し、乾燥、蒸れ、強風、雪、霜などの四季の変化がもたらす気象状況が、生育障害の原因となる。これら生育障害の原因に対する予防と対処は、植物への障害を軽減することである。

　生育地と四季の変化を知るための資料としては、植物の耐寒性を区域で分けた日本クライメイトゾーン（最低気温による区域区分）マップ、温量指数による地域区分（地域の暖かさを指数化して生育範囲を示したもの）、各種植栽植え付け適期表などがある。希望の植物が植栽地で生育できるか、維持管理、手入れの面から四季の変化にどのような対応が必要かを知り、維持管理に活かす。

　植栽後の季節障害と防止対策は表3-12のようになる。

表3-12　季節障害と防止対策

障害			防止対策	
冬の障害	雪害	幹、枝折れなど	冬越し	雪吊り、冬囲い、マルチング
	凍害と霜害	割れ、折れ、根が霜で持ち上げられるなど		
夏の障害	乾燥害	葉の萎れ、黄変など	夏越し	遮光ネット
風の障害	風害	倒木、傾斜木、折損、湾曲など	風除け	防風ネット
	潮害	葉の赤変、枯れ死など		

3-6-1　冬越し

　植物の耐寒力は原産地により異なり、冬越しの対策をしなくても戸外で冬を越えられる植物もあるが、熱帯～亜熱帯の植物は一般的に寒さに弱く、枯れてしまうこともあるため、対策が必要になる。植物の性質と植栽されている環境により対策は様々で、戸外に植えている植物でもマルチングなどの多少の維持管理で冬越しがしやすくなるもの、早めに暖かい室内に取り込み備えなければならないものなどがあ

る。

　冬越しの目的は低温対策だけでなく風、雪、霜を避けることである。

A　樹木の雪対策

　雪は積もるうちに重さを増す。樹木の枝に積もる雪の重みで枝が折れてしまうことがあるので、その対策として支柱を立てて縄で吊る「雪吊り」や、降雪前に枝を間引く「雪透かし」などがある。専門性が高い大がかりな雪吊りは冬の美観としても楽しめる（写3-45）。

　樹木を積雪や冷気から保護することを目的にワラ束やコモ、ネットを使って囲む「冬囲い」も、主な目的は雪害から樹木を守ることである。冬囲いは、冬でも葉の落ちない常緑樹に対して行われることが多い。針葉樹か広葉樹か、また品種により耐寒性も違うので、それぞれに合った冬囲いをする。降雪が多くない地域では冬囲いを乾燥、寒さ、風への対策とすることもできる。

写3-45　雪吊りと冬囲い

B　樹木の霜対策

　霜が降りると土が盛り上がり、根が浮いたり引っ張られたりして傷むことがある。また、根元が凍ってしまうと枯れやすくなる。対策としては、根元に敷きワラなどでマルチングするという簡単で効果的な方法がある。また、マルチングによって土の温度の低下を少しでも抑えれば、その植物が冬を越せる温度になることもある。

　ワラは保温効果が高く通気性もあり、早春には腐食して、そのまま堆肥となる。マルチング材にはワラのほか、木材を砕いたウッドチップ、ウッドチップの一種で樹皮を砕いたバークチップ、腐葉土、落ち葉なども使うことができる。風が強い場所では飛ばないような工夫が必要となる。マルチングは本格的な降霜の前にするとよい。

C　草花の対策

　草花は一年草と季節を越えて数年生きる多年草（宿根草）に分けられる。さらに多年草は耐寒性のものと非耐寒性のものに分けられる。多年草は越冬温度を確認して、越冬温度が植栽地の気温より高いものは、花壇であれば掘り上げて鉢に植え替えて、コンテナなどは鉢ごと、それぞれ室内に取り込む。非耐寒性の草花も同様に室内へ取り込む。

　耐寒性のある草花であっても、戸外に置いたままだと霜柱が立つような状況では根が持ち上げられて表土に露出し、乾燥して枯れやすくなる。対策としては樹木同様、敷きワラ、ウッドチップ、バークチップ、落ち葉などのマルチングが効果的である。植栽した地域で入手しやすく、使いやすいものを選ぶとよい。

　降雪時は、日差しを遮られて弱ったり、水分の多い重い雪だと圧迫によって茎が折れることがある。対策としては、雪や寒波の前に覆いをしておく方法がある。

　多年草の中では、枝葉が枯れて越冬する宿根草や球根などは忘れがちになるので目の届く場所に置く。寒さに弱い種類の球根は、開花後、葉が黄色くなったら球根を掘り上げて、風通しが良くて凍らない温度を確保できる場所で保管する。

　花壇に植えられた球根は、霜が降りると凍ることがあるため、強い寒気が来るときにはマルチングを

をしたり、不織布などで覆うとよい。

　草花への冬季の灌水は次の事項に注意する。

● 天気予報を把握し、乾燥の度合いを見て水やりの回数を調整する。

● 暖かい午前中に水やりを済ます。

● 低温の日の水やりは葉にかけない。

● 鉢植えの場合は、1 回の水やりで鉢の底から水が出るくらいの量を与える。

3-6-2　夏越し

　夏季は、高温、強い日差し、乾燥、台風、生育が活発になる雑草や病気・害虫などにより樹木が弱ることや、生育順調であった草花が萎んでしまうこともある。秋季の花や紅葉、実りを楽しむためには、夏季の予防と対策が必要になる。

A　樹木への対策

　夏季は、強い日差し、高温、夜になっても気温が下がらない熱帯夜などが続くと、土壌が乾燥し、樹勢が低下しやすい。また、樹木が弱ると病気や害虫が発生しやすくなる。傷んだ葉を落として新しい葉を出そうとするが、体力がないため葉量が少なくなり、樹勢が衰える。そうすると、再び病気や害虫が発生する。こうした状態を繰り返していくうちに衰弱して枯死に至ることもある。例えば、カミキリムシは樹勢の弱った木の幹に傷をつけて産卵することが多い。コガネムシの幼虫に根を食害されている場合なども、樹勢が衰弱していく。

　こうした事態を予防する第一歩は、初夏から樹体を弱らせないように維持管理に注意し、樹勢を保つことである。

〈灌水による乾燥対策〉

　夏季は灌水が非常に重要な時期といえる。植え付け後 1 年以内であれば特に気を付ける必要がある。夏季の灌水のポイントは次のようになる。

● 幼木は 1 日に 1 〜 2 回を目安として、土の表面の乾き具合を見ながら灌水の回数を調整し、その他の既植樹についても、土の乾き具合や葉の萎れ具合を見ながら灌水を行う。

● 灌水は、早朝もしくは夕方の気温が低い時間帯に行うのが望ましい。夕方の灌水は土壌の温度を下げる効果も期待できる。

● 午前中に灌水を行っても直射日光が当たると地表の温度は急激に上がり、短時間で土壌表面が乾いてしまうこともあるので、敷きワラやバークチップなどを施して、地表が直射日光に晒されるのを防ぎ、水分の蒸発を抑える。

〈葉焼け対策〉

　葉焼けとは、強い日差しや乾燥した空気、熱風、西日などにより樹木の葉が茶色に変色してしまうことである。対策としては、夕方の灌水（葉水）や遮光ネットをかけることなどが有効である。また、灌水によって土壌の乾燥を和らげることは、樹木の生育しやすい環境をつくり、樹勢を維持して葉焼けを抑える効果もある。

〈雑草対策〉

　夏季は雑草の生育も旺盛になる。クズやヤブガラシなどのつる性植物や、チガヤやスギナなどの地下茎で増える強靭な雑草などが繁茂すると風通しが悪くなり、病気や害虫の発生原因にもなるので、速やかに除草する。

B　草花への対策

　草花には冬季、梅雨期、夏季などそれぞれ苦手な季節や時期がある。日本の夏は関東以北の一部を除き高温多湿であるため、気候が涼しく乾燥している地域を原産地とする草花は、高温や蒸れによる障害

を受けやすいといえる。特にヨーロッパや南アフリカ原産の草花にとっては、日本の梅雨時から盛夏期にかけては過酷な時期になる。

　夏季の高温、蒸れ、強い日差し、乾燥を緩和するためには、置き場所や遮光、灌水などの維持管理を工夫する必要がある。

〈高温対策〉

　梅雨が明けると、早朝からの強い日差しと午後の西日で高温の時間が長くなる。一般に植物は30℃を超える温度が続くと生育を止め休眠状態になり、病気や害虫への耐性も下がる。

　鉢植えされた草花は土量が少なく、コンテナ（花鉢）内の温度も上がりやすいため根も傷みやすくなる。対策としては、植物が植えられているコンテナを、別の大きなコンテナの中に入れて、その隙間に土を詰める二重鉢や、コンテナの下に隙間をつくる、遮光ネットや周囲に打ち水をするなど、鉢土の温度を上げない工夫をする。

　地植えされた草花は、マルチングを施すと急激な乾燥や温度上昇を緩和し、降雨時の泥はねを抑える効果もある。また、早朝や夕方の灌水、葉水は、打ち水と同様に水分の蒸発を利用して温度を下げることができる。葉水は葉の表面だけでなく、葉の裏面にも行うことにより、埃を洗い流し、害虫（ハダニ、カイガラムシ、アブラムシなど）の駆除効果もある。

〈蒸れ対策〉

　梅雨の間は、湿度が高く、降雨も多く、日照が少ないため、草花は徒長気味（茎や葉が細く伸びて弱って見える状態）に育っている。また、枝葉や花の混んでいる部分や、水分の溜まりやすい萼（がく）の下などは蒸れて、病気が発生しやすい状態になっている。さらに、土壌が乾きにくいので根腐れを起こしやすくなり、花株が衰弱する。

　このような衰弱した花株は、梅雨明けの夏の強い日差しを受けたときに枯死することがある。生き残った花株も回復に時間がかかったり、回復できないものもある。

　花株全体が葉や花で密になって蒸れたり、徒長していたり、育ちすぎで混みすぎるのを防ぐためには、枝葉の切り戻しや、枯れた葉と花柄を取り除いて株元をきれいにする。切り戻しは、一気に花株を小さくすると再び花をつける前に枯れてしまうこともあるので、草丈の1/2〜1/3程度の高さを目安にして、元気な葉を残しながら行うようにする。

　コンテナの設置については、直接地面に置かず、ポットフィート（コンテナの下に敷く小さな足台）や小さな「かませ」をして、わずかでも鉢底を浮かせて空気の通りをよくする。また、コンテナとコンテナの間も風が通り抜けるように隙間を設ける。コンテナの受け皿は、灌水の余り水や降雨などを溜まったままにしておくと、根腐れや害虫発生の原因となるので、外しておいたほうが無難である。

〈強い日差し対策〉

　樹木と同様に強すぎる日差しは葉焼けの原因になる。葉が変色してしまうと光合成ができなくなり、生育に影響する。移動できる鉢植えであれば、高温対策と同じく、午前中だけ日が当たる場所や、木漏れ日の下などに移動する。地植えや移動できないコンテナに植えた場合は、夏の強い日差しを避ける葦簀（よしず）や遮光ネット（遮光率30〜85%）、遮光シート（遮光率約100%）などで、風通しを確保しながら直射日光を遮る工夫をする。草花類の場合は40%〜60%程度の遮光率とすることが多い。

　強い西日は植物にとって負担になりやすいので、草花を植える際には、工作物や西日に強い樹木などで日陰をつくるか、あるいは、強い日差しを受けない場所を選ぶと、夏越ししやすくなる。

〈乾燥対策〉

　夏の天気の良い日は朝夕に灌水をする。真夏の高温期で晴天が続くような時は、地植えの植物といえども灌水を忘れると、萎れてから枯れるまでの時間が短くなる。また、灌水は朝方の早いうちに済ませ、夕方の灌水で植物の周囲の気温も下げるようにする。すぐに灌水しないと枯れてしまう恐れのある場合

以外は、晴れた昼間の時間帯は避ける。やむを得ず灌水を行う時は、土壌の温度が下がるように、たっぷり水をやる。

3-6-3　風害対策

　季節風の強風や台風のような暴風、積雪地方での地吹雪などは、植物にもかなりの被害を与える。風により、樹木では樹体が傾くことや、枝の折損や枝葉の擦れによる傷がつく。草花などでも茎がねじれたり、葉の裂傷が起こる。また、風当たりは蒸発散を促進するので、水不足による生理的障害を起こす原因にもなる。生理的障害の発生は暖かく乾いた風の場合に顕著であり、風当たり次第では、植物が傷んで枯死する例もある。

　枝葉が密になっている樹木は風の影響を受けやすくなるので、定期的な剪定などにより風通しを良くするのが効果的といえる。また、支柱を立てたり、樹木が複数ある場合はフェンスにネットを張ると風害への対策になる（図3-22）。

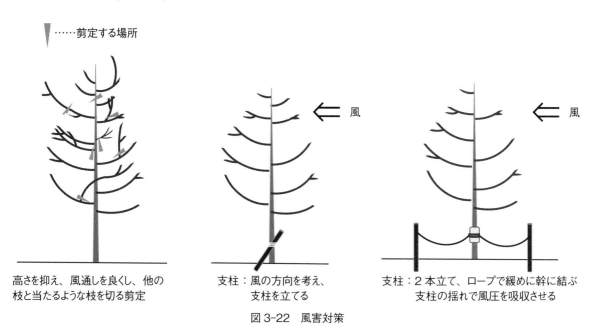

……剪定する場所

高さを抑え、風通しを良くし、他の枝と当たるような枝を切る剪定

支柱：風の方向を考え、支柱を立てる

支柱：2本立て、ロープで緩めに幹に結ぶ支柱の揺れで風圧を吸収させる

図3-22　風害対策

第4章 | 設計者のための植栽・維持管理計画

植栽地の特徴を知る
植物の特徴と植物相互の関係を知る
接道条件別の植栽・維持管理計画
ライフスタイルと植栽計画

4-1　植栽地の特徴を知る

　日当たりの悪い場所に陽樹を植えたり、湿気の多い場所に乾燥状態を好む植物を植えても健全に育たないことは多くの人が共通して持っている知識である。生育に適さない環境におかれた植物は枯れたり、害虫や病気に弱くなるなどの生育障害を起こすことになる。成長しない、あるいは元気がない、花が咲かない、実がならないなどの状態の植物は、維持管理の手間がかかるばかりでなく、気持ちのよい緑の環境を保つことができない。実際の植栽計画にあたっては、植栽地の自然環境だけでなく、土壌の状態、接道、建物配置、敷地周辺の環境、高低差などの多くの要素を考慮し、植物の選択と植栽場所、植栽方法を決めなければならない。

4-1-1　植栽地の周辺環境を知る

　植物にとって、光や水、温度は生育に欠かせない条件である。灌水のように人為的に行う水の供給を除き、植栽地の光や水、温度は気候によって左右される。従って、植栽計画では周辺環境を具体的に把握しなくてはならない。

　例えば、北海道と沖縄における樹木の植生は、それぞれ亜寒帯と亜熱帯という気候帯に区分され、大きく異なる。植生を無視した植栽は、植物の生育障害につながる。また、植栽地が市街地か郊外であるか、さらに、田園地域、工場地域、海岸地域、高原地域などによっても、植物の生育に大きく影響する。市街地では建物同士が接近し、交通量による影響や日照、風通しなどが懸念されるし、田園地域では空気や日照は良好でも、地域により風や積雪などの気象条件の影響を受ける。工場地域では、煤煙などの排出による大気汚染も影響するし、海岸地域の沿岸部では潮風による塩害、高原地域では寒暖差や風の影響などがある。

　植栽地の周辺環境を理解するためには、まず次のような事項をチェックしておきたい。また、植栽地周辺の植物や樹木の状態を見ることで、その地域に適応している植物や樹木がある程度分かる。

A　四季を通じた気温の変化や最高気温・最低気温

　植物は、自ら涼しい場所や暖かい場所に移動することはできない。従って、植栽地の四季を通じた気温の変化を知ることは、環境に適した植物、あるいは、気温の変化に耐えられるかどうかを考慮した植物の選択ができるので、植栽後の健全な生育につながる。

B　年間降水量

　植物には乾燥に耐えるものや、乾燥に耐えられなくて枯死あるいは生育障害を起こすものもあるので、植栽地に適した植物を選択するうえで降水量を知ることは重要である（図4-1）。

C　年間を通じた日照時間

　植物には日照を好むものや日陰に耐える種類のものがある。これらの性質を考慮しないと植物の健康

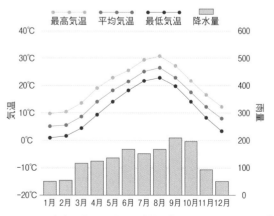

図4-1　東京の年間雨温図（統計期間：1981～2010）

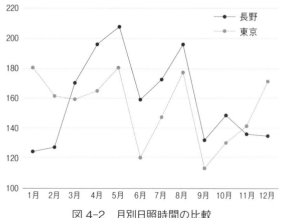

図4-2　月別日照時間の比較

は維持できないので、年間を通しての日照時間の変化を知ることも重要である（図4-2）。

D　敷地周辺の環境‥‥市街地、郊外、田園地域、工業地域、海岸地域、高原地域

　敷地周辺の環境により、空気中の埃煤、風、気温、景観や眺望などが異なってくる。敷地の条件に強い植物を選択し、景観を生かす植栽位置や樹木の高さなどを決める。

E　自生植物の調査‥‥周辺の植物、樹木の調査

　植栽地周辺の植物は樹木を含め、その環境に適した植物が主に存在している。環境が変われば、生育障害を起こしたり、あるいは、枯死してしまう場合もある。従って、周辺の植物を知ることは、環境に適した植物を知ることになる。

4-1-2　植栽地の土壌と建物の配置

　植栽地の土壌については、「2-6　植栽地の土壌」で全般的な知識を説明したが、ここでは植栽計画地の土壌と建物配置との関係について留意事項をまとめておく。

A　建築地の地盤（土壌）調査の結果を理解しておく

　一般的に、建築地では建物を安全に建てるための地盤調査などが行われ、必要に応じて地盤改良などを行うが、これは、地盤耐力の調査と強化が目的で、土壌の栄養や酸度、水分の浸透速度・量、土壌硬度など、植物の生育環境調査などを目的に行うものではない。しかし、植栽は建物の完成後に行う場合が多いので、建築時に行った地盤調査や地盤改良の結果を理解しておくことは大切である。

B　植栽地の建物配置

　植栽地の環境は建物や隣地の影響によって違いが生じる。一般的に、敷地内での建物の配置は南側を開けて北側に建物を寄せることが多い。北側や東西の隣地側の植栽地は日照が少なく、地温も上がらない囲まれた場所になることが多いので、植物にとっては厳しい条件になる。一方、南側の植栽地でも、三方が塀で囲われた場合は排水が悪く、さらに、隣地の建物の影になる部分は、日照不足や地温が上がらない環境になる。

C　植栽地が傾斜地や低地などの場合

　植栽地が傾斜地あるいは高台、低地であるかなどにより、地盤や土壌の状況が変わってくる。傾斜地や高台のような場所は一般的に排水がよいと言える。一方、低地は周囲の水が集中し、排水が悪くなる傾向がある。植物にとっては、排水がよすぎると水切れを起こし、排水が悪いと根腐れにつながる。このように植栽地では、周辺の地盤状況が与える影響も考慮しなければならない。

D　日照と隣地建物、高低差、接道

　植栽地において日照を考える場合、太陽高度や日照時間などのほかに、隣接する建物の高さや隣地との高低差などが大きく影響する。一般的に庭は南側に設けられ、植栽の中心となる場所だが、隣地の建物や隣地との高低差などにより影になることも考慮しなければならない（図4-3）。

　また、敷地の接道が東西南北の違いによって建物の配置も違ってくるので、植栽地の環境も異なってくる。一般に、東側接道の敷地では午前中の日照が得られ、西側接道の敷地では西日への配慮が必要となる。また、北側接道の敷地では、北側に建物が寄る傾向があるため、北側の植栽地の日照は期待できない。

E　風向きと植栽計画

　冬季の北西の季節風によって、落葉樹の葉が隣地や道路に吹き溜まり、近隣に迷惑をかけることもあるので、落葉樹の植栽位置を考えるうえでは

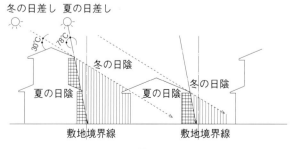

図4-3　日差しと日蔭の関係

風の方向を考慮する必要がある。また、分譲地のように建物と建物が接近していると恒常的に風が吹き抜けるので、樹姿の傾きや変形、乾燥による枯死も懸念される。植栽地に吹く風の状況を知ることは、健全な植物の生育を図るうえで欠かせない。

　地域の風（卓越風向き[注1]）も気象庁のHP（最多風向きで表示）から調べることができるので、過去の月別平均風速や風向きを調べておくことも大切である。

注1　卓越風：ある地域で一定期間内に最も多く吹く風、風向のこと。気候景観や植物生態は卓越風を反映していることが多い。

4-2　植物の特徴と植物相互の関係を知る

　植栽地の環境が分かれば、その環境に適応した植物を選択することになる。さらに、植える植物同士のバランスや相性も考慮しておく必要がある。維持管理においても、植物の組み合わせは成長速度など生育に影響を与えることが分かっている。

4-2-1　植物の相性

　植栽に利用できる植物は豊富であり、植栽設計をする場合は、使いたい植物それぞれの生育条件や性質・特徴をしっかりと把握したうえで、植栽地に合った樹種・草花の組み合わせを考える必要がある。その場合、植物の生育に必要な日照条件、土壌条件（湿地・乾地・保湿排水性）などが共通するものを組み合わせるだけではなく、植物の形状（高さ、姿など）のバランスや色彩の調和を考慮したデザインが設計者に求められる（表4-1）。

　植物には、ほかの植物や微生物に何らかの影響を及ぼす化学物質を放出するものがあり、それが他の

表4-1　植栽設計のための目的別組み合わせ例

適性	目的	組み合わせ例
日向に向く植栽	紅葉を際立たせる庭	落葉中高木：イロハモミジ 常緑低木：ハクサンボク 下草：ツワブキ、フウチソウ、ベニシダ
	花を楽しむ明るい庭	常緑中高木：常緑ヤマボウシ 落葉低木：ミツバツツジ、シモツケゴールド 下草：フイリヤブラン
半日陰に向く植栽	半日陰の中に明るさを取り入れる庭	落葉中高木：アオハダ 常緑低木：セイヨウシャクナゲ 落葉低木：ヒュウガミズキ 下草：フイリギボウシ
	自然を感じ、赤い実や季節の花を楽しむ庭	常緑中高木：ソヨゴ 落葉低木：オトコヨウゾメ、ヤマアジサイ 下草：クリスマスローズ、キチジョウソウ
相性の良いカラーリーフを楽しむ植栽	銅葉・黄色・シルバーの色彩の調和を楽しむ	ニューサイラン（銅葉、写4-1）、フィリフィラオーレア（写4-2）、タイム（シルバー、写4-3）
	グリーンの濃淡のカラーリーフを楽しむ	ハナミズキ（斑入り）、マホニア（コンフィフィッティ）、ラベンダー、ヒューケラ（ライム、パープル、ピューター）
乾燥に耐える植栽	エキゾチックな雰囲気を感じるローメンテナンスな庭	ユッカ、ローズマリー、イソギク、トラディスカンティア、カレックス（ブキャナニー）

写4-1　ニューサイラン（銅葉）

写4-2　フィリフィラオーレア

写4-3　タイム（シルバー）

植物に良い影響を与える場合や、逆に悪い影響を及ぼしてしまう場合もある。主に野菜や草本類の組み合わせにその現象が見られるので、それぞれの相性を把握しておくことが必要である。

4-2-2　生育に影響を与える関係

　一緒にまたは混ぜて植えることで、単体で植える場合よりもよく育つ関係を持つ植物をコンパニオンプランツと呼び、主に野菜と草花にこの共栄関係が顕著にみられる場合がある。一緒に植えることで、特定の虫が大量に発生することを防いだり、病気が一面に広がることを避けることができたり、相互の生育促進、土壌改良を可能にするなどの効果が見られることもある。また、逆に相手の植物にとって生育に必要な成分を奪ってしまうような相性の悪い組み合わせもあるので、注意が必要である。

　コンパニオンプランツとして特によく知られているのがキク科のマリーゴールドとカモミールで、防虫効果が高いことから「畑のお医者さん」と呼ばれている。マリーゴールド（写4-4）とカモミールは主にバラ科、ウリ科、アブラナ科の植物とのコンパニオンプランツとして効果があるとされている。

　ただ、コンパニオンプランツには科学的に証明されているものと、そうでないものがある。証明されていないものでも、古くからその効果が伝承されているものは、野菜の有機栽培などで実践されている。

　科による相性関係の一覧を表4-2に示す。

表4-2　科による相性関係

科	良い相性	悪い相性
ナス科	ユリ科、マメ科、シソ科	
マメ科	セリ科、イネ科、ナス科	ユリ科
セリ科	マメ科、バラ科、アブラナ科	
アブラナ科	シソ科、セリ科、キク科、ユリ科	
ウリ科	イネ科、ユリ科、キク科	
イネ科	マメ科、ウリ科	バラ科
シソ科	ナス科、アブラナ科	
ユリ科	ウリ科、ナス科　アブラナ科	マメ科
キク科	バラ科、ウリ科　アブラナ科	
バラ科	セリ科　キク科	イネ科

写4-4　マリーゴールド

4-2-3　生育・成長の特徴

　植物はそれぞれに生育・成長に特徴がある。例えば、樹木は樹種により樹高の違いや枝の広がり、成長速度の違いがあり、植えた後の維持管理にも大きく影響してくる。草花も耐陰性や耐寒性などの基本的な生育の特徴から、成長する時期、つる性植物の繁茂など、植えた後の生育・成長を最初から考慮しておく必要がある。こうした植物の特徴を理解したうえで、設計者は植栽計画に臨むことが必要である。

　成長の状況による樹木の分類を表4-3に示す。

表4-3　成長の状況による樹木の分類（庭木で使うことを想定した一般的な分類の例）

成長の状況	特徴		樹種例
成長が速い樹種	成木として樹形が整うのが比較的速いが、手入れの頻度も多くなる	中高木	常緑：カシ類、ゲッケイジュ、シイノキ、ヤマモモ 落葉：カリン、コナラ、コブシ、ソロ、ダンコウバイ、ヤマボウシ、ヤマザクラ
		低灌木	常緑：カメリアエリナ、ツツジ類、ハクチョウゲ、ヤツデ、ローズマリー 落葉：アジサイ類、バイカウツギ、コデマリ、ハギ、ユキヤナギ
成長が遅い樹種	手入れが比較的楽だが、成木として樹形が整うのに時間がかかる	中高木	常緑：ソヨゴ、モチ、モッコク、コウヤマキ、ラカンマキ 落葉：シャラ、ヒメシャラ、ナナカマド、モミジ類
		低灌木	常緑：アセビ、カナダトウヒコニカ、カンツバキ、シャリンバイ、ハマヒサカキ 落葉：シモツケ、クロモジ、ナツハゼ、ヒュウガミズキ、ヤブデマリ

バラと果樹のコンパニオンプランツ

　コンパニオンプランツとは、植物同士のお互いの相性、共栄関係と呼べるものであり、一緒に植えると「良い」「悪い」が比較的ハッキリしているもの。ここでは、特にバラや果樹について、一般に知られている傾向をまとめておく。

バラと相性のよい草花

　バラは一般的に栽培が難しい花木と言われている。特に害虫の被害が多くみられるため、対策として様々な工夫がなされている。その一つとして、害虫対策にもなる相性のよい草花をコンパニオンプランツとして紹介する。しかし、その効果は確実なものとはいえないので、あくまでも参考にとどめておきたい。

表4-4　バラと植えたいコンパニオンプランツ

草花名	効能
ローマンカモミール	泥はね予防効果、アブラムシを誘引しバラに付くのを防ぐ
チャイブ	黒点病、うどん粉病予防効果、アブラムシを遠ざける
イエイオン（ハナニラ）	ハダニ、オンシツコナジラミ、アブラムシを遠ざける
ラベンダー	香りで虫を遠ざける
マリーゴールド	根から出る分泌液が線虫を遠ざける
ゼラニュウム	コガネムシ、ヨトウムシを引き寄せ、バラに付きにくくする
イタリアンパセリ	害虫を遠ざけ、バラの香りを強くする
ナスタチュウム	アブラムシを誘引し、バラからアブラムシを遠ざける 成分に硫黄とシアンを含むので抗菌作用がある

おいしく実らせる果樹のコンパニオンプランツ

　果樹にも一緒に植えると果樹がよく育つ植物がある。主に栽培農家で広く活用されている混植法であり、その一例を紹介しておく。

表4-5　果樹のコンパニオンプランツ

果樹	コンパニオンプランツ	効果
柑橘類	ヘアリーベッチ	株元を厚く覆い、保湿と雑草抑制に役立つ
ブドウ	オオバコ	寄生菌を増やしてうどん粉病を抑制
ブルーベリー	ミント	株元を保湿しつつ香りで害虫を遠ざける
カラント類	ウインターベッチ	株元を保湿して春から夏の生育を促す
イチジク	ビワ	混植でカミキリムシの被害を減らす
プラム	ニラ	樹幹の縁を取り囲み病気の発生を防ぐ

相性の悪い関係―カイズカイブキとナシ

　ナシの栽培が難しいといわれる一因である赤星病を媒介するのが庭木や生垣、道路の分離帯などにも植栽されているカイズカイブキである（写4-5）。そのためナシの生産地ではおよそ2km内でのカイズカイブキの植栽が禁止されている地域もある。ナシだけでなく、リンゴやプラムなどのバラ科の果樹にも被害が及ぶ場合があるので、被害にあわないためにも植栽地周辺の環境を把握しておく必要がある。

写4-5　カイズカイブキ（ヒノキ科）

4-3　接道条件別の植栽・維持管理計画

　エクステリアの植栽においては、植物の生育条件と植栽場所の環境を合致させることが大切であり、植えた後の維持管理の難易度にも大きく影響してくる。

　樹木であれば樹種それぞれに特性があり、それに合わせた維持管理があることや、順調な成長のための条件は樹種によって異なることは衆知のことである。草花であっても、少し日陰のほうがよい植物、湿度が嫌いな植物、日照時間が長く必要なもの、砂地が好みのものなど、その植物が順調に成長するための条件は様々である。

　植物を植える場所も、日当たりの良し悪し、湿度の高い場所、乾燥気味な場所、土質の違いなど、それぞれ条件は異なる。

　実際のエクステリアの植栽計画においては、植物の生育と植栽場所に大きな影響を与えるものの一つに敷地に接していいる道路（接道）の位置がある。例えば、北側接道の敷地では、アプローチや駐車スペースを北側に配置することが一般的であるため、敷地面積が広くない場合は、南側の庭空間が狭くなる。さらに、その南面に近接して隣家があれば、日照や通風が遮られることが多くなる。道路や隣家との境界には視線対策（目隠し）も考慮しなければならない。

　北側接道の敷地では、日照は少ないが、駐車場を含めてスペースにゆとりがある北側に、常緑で少し大きくなる樹種が適しているといえる。道路側からの目隠し機能を備え、街並みや建物の外観と調和した枝振り、葉の形・色などのデザイン的要素も大切にしながら樹種を選択したい。

　一方、南側接道の敷地では南側に隣家がないため、一般的に日照や通風条件がよい。従って、湿度や半日陰を好む樹種は向かないといえるだろう。西側接道か東側接道かによっても、同様に樹種選定の条件が異なってくる。

　そこで本節では、エクステリアの植栽計画に大きな影響を与える接道について、東西南北の各条件にもとづいた植栽計画案を示す。植栽計画においては、室内から見える景色が大切な要素になるので、それぞれの植栽計画図には、1階諸室からの視線も点線で書き込んだ。さらに、植栽の維持管理で必要となる作業道具収納（物置）のスペース、落ち葉や剪定した枝、刈り取った雑草などのゴミ収集場所、維持管理作業を行うための庭の動線も、植栽計画図とは別に「維持管理作業動線と収集・搬出」としてまとめた。こうして計画当初から維持管理作業を考慮しておけば、負担軽減にもつながり、植栽が豊かで快適な暮らしの環境を長く維持していけることになる。

　東西南北の各接道計画における共通した前提条件は次の通りとした。

A　共通設計条件
- 敷地……首都圏の郊外住宅地
- 敷地面積……50〜60坪（160〜200m^2）
- 建ぺい率……60%（第一種低層住居専用地域）
- 居室……1階には居間、食堂、台所、風呂などを配置し、寝室は2階とした

B　維持管理計画上の共通事項
- 道路側および隣地境界側の植栽、主庭など各エリアへの作業動線の確保
- 物置など道具の収納場所の確保
- 維持管理作業スペースの確保
- ゴミ収集場所の確保

図4-4　室内から見える景色が植栽計画の大切な要素

4-3-1　東側接道敷地の植栽・維持管理計画

〈計画の主要な目的〉

　接道面は街並みの景観を担うということを考慮した植栽と、住まい手自身で植栽の維持管理が可能な植物の選定を目的とする。

〈植栽計画について〉

①東側接道を考慮した植栽計画の全体概要

　東側接道面は朝日が昇る時から午前中まで日差しが十分に当たる場所なので、樹木を植えるには最適な環境といえる。特に強い日差しと乾燥を好む一部の植物を除いては、比較的多くの樹種を植えることが可能である。ただし、樹木の生育に最もよい環境ということは、それだけ成長も良好で大きくなりやすい。接道面の植栽は通行する人たちにも安全で心地よい印象を与える植栽計画を心がける必要があるので、大きくなりすぎるような樹種は避けたい。

②エリア別の植栽計画の要点

A　庭の植栽……東側の門から庭に入り、西側に続く園路により通り抜け空間を確保する。南側主庭は、室内から眺める景観を考慮し、四季折々で楽しめる植栽計画を心がける。また、隣地への影響に配慮して、枝葉があまり広がりすぎず、比較的成長が遅くて維持管理しやすい樹種を選ぶようにする。

　デッキテラスの脇と西南角の樹木は、夏は木陰をつくり、冬は日差しを取り込めるような葉張りのある樹種が望ましい。

参考	中高木	常緑：コウヤマキ、ソヨゴ、常緑ヤマボウシ、カラタネオガタマ、タイサンボク（リトルジェム） 落葉：ヒメシャラ、シャラ、ハナモモ（テルテ）、マメザクラ、ミツバツツジ、ハナズオウ、ナツハゼ （西南角とデッキテラス脇：ハナミズキ、モミジ、ヤマボウシ）
	低灌木	常緑：ハクサンボク、シャクナゲ、カルミア、アセビ、ミヤマシキミ 落葉：アジサイ類、コバノズイナ、ヒュウガミズキ、シモツケ類、ハギ、コデマリ、ビヨウヤナギ等
	下草・草花等	クリスマスローズ、ギボウシ、ヒューケラ、イカリソウ、アガパンサス、ヤブラン、フウチソウ、アジュガ、小球根類

　門から、玄関に向かうアプローチ園路左側はデッキテラスの端に接近するので、遮蔽のための植栽を配するのが望ましい。また、通行の妨げにならないような常緑中木の樹種を選ぶとよい。

参考	中高木	常緑：フェイジョア、常緑ヤマボウシ、カラタネオガタマ、タイサンボク（リトルジェム）

B　道路側植栽……道路側は通行する人の邪魔にならないように、シンボルツリー以外は枝葉が広がりすぎず、あまり剪定を必要としない自然樹形系の樹種を選択する。門の脇には建物との調和を考慮したシンボルツリーを植栽する。道路面は玄関の遮蔽を意識しながら樹木を選択する。

参考	門の脇（シンボルツリー）	中高木	落葉：ヤマボウシ、アオハダ、アカシデ、ソヨゴ（それぞれ株立ち）
	道路側	中高木	常緑：ハイノキ、常緑ヤマボウシ、カルミア 落葉：オトコヨウゾメ、シモツケゴールド、ナツハゼ、ミツバツツジ
		下草・草花等	アガパンサス、クリスマスローズ、ヒューケラ、ミスキャンタス

C　隣地境界側植栽……隣地からの目隠しと室内の窓からの眺めに配慮した植栽が必要であるが、西側および北側は幅1.2 m程の通路なので、通行の邪魔にならないもので、植栽可能な樹種となる。

参考	中高木	常緑：イヌツゲ（スカイペンシル）、フイリマサキ
	低灌木	常緑：ナンテン

〈日常の維持管理作業を考慮した計画の要点〉

- 作業動線……東側門入口から西へと続く庭の園路は幅1 m内外とし、作業動線の確保を図る。
- 作業道具収納場所……建物の東側階段下に外部収納を設けて対処する。
- 作業スペース……北西通路や庭の中を東西に伸びる園路を利用できる。
- ゴミの収集場所……駐車空間脇で、東側の塀の内側に囲いを設ける。

東側接道敷地の植栽計画

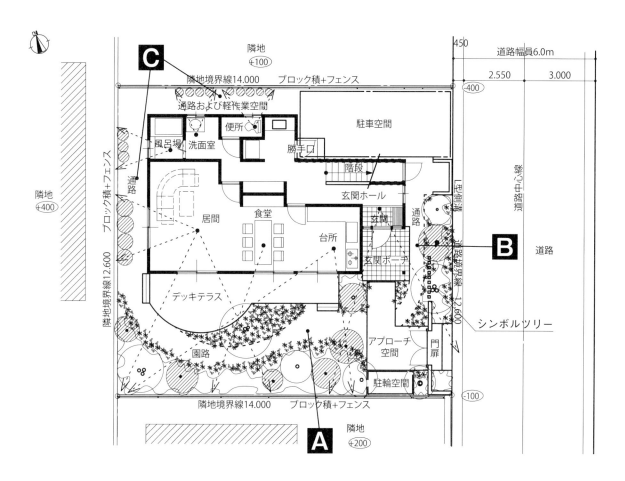

維持管理作業動線と収集・搬出

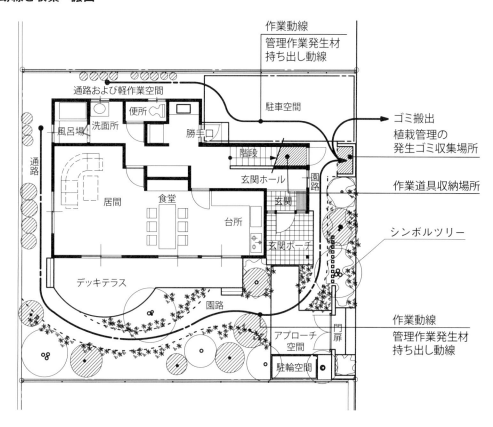

4-3-2　西側接道敷地の植栽・維持管理計画

〈計画の主要な目的〉

　主庭は「遊び、集う庭」を、西側のアプローチ空間は「人を迎える庭」を、東側通路（サービスヤード）は「食生活の庭」をそれぞれ目的とする。

〈植栽計画について〉

①西側接道を考慮した植栽計画の全体概要

　接道面からの建物を含めた外観を重視した植栽とする。台所・食堂に面する南東側の隣地に接する範囲は、果樹やハーブなど食生活を豊かにする植物を自分たちの手で育てる楽しさを感じられる植栽とする。植栽は部位空間ごとに分けず、敷地全体の景観や雰囲気に統一感をもたせる。

②エリア別の植栽計画の要点

A　庭の植栽……シンボルツリーとしてカリン（マルメロ）を配置。庭面は広い空間を確保し、開放感と同時にプライバシーの確保にも配慮した植栽とする。また、果樹を多用した植栽で庭を構成し、花と果実の熟した味わいを楽しむ。

参考	中高木	常緑：キンカン、フェイジョア、ヤマモモ、ミカン、コメツガ
		落葉：カリン、メグスリノキ、ナシ、モモ、ブドウ、サクランボ
	低灌木	常緑：グミ／落葉：フサスグリ、イチジク、ベリー類、ブルーベリー
	下草・草花等	ガザニア、クリスマスローズ、ローズマリー、サギゴケ、ネジバナ

B　道路側植栽……道路から見える植栽景観を重視し、建物を背景として上に伸び、横幅が小さい箒状（ほうき）の中高木を用いることで高低差をつけ、側枝が重ならないように樹形を維持する。また、道路側植栽全体の枝先の模様や、高低差による奥行きを出す。さらに、密に植栽することで夏季の西日を遮ることを可能にする。道路側から敷地内に向かっては、春の芽出しの色彩・秋の紅葉の色合いを楽しむ落葉樹を植栽する。落葉時期の緑を確保するために灌木・下草類は常緑種を採用する。

参考	中高木	常緑：ナギ、コメツガ
		落葉：モミジ、カエデ、ミツバツツジ、ハナモモ（テルテ）、ナツハゼ、ネジキ
	低灌木	常緑：ヒカゲツツジ、マンサク、アベリア
		落葉：ツツジ（ハルイチバン）、ブルーベリー、ヤマアジサイ、コアジサイ
	下草・草花等	クリスマスローズ、ビンカミノール、ラミュウム、ヤマホトトギス

C　北側植栽……北側は通り抜け空間を確保しながら、洗面室などの水回りの小窓に緑を取り入れ、隣地からの目隠しにも配慮する。空間の狭さから中高木の植栽は難しいため、つる性植物の柵を設ける。

| 参考 | つる性植物 | 常緑：ビナンカズラ、テイカカズラ、カロライナジャスミン、ムベ |
| | | 落葉：ツルアジサイ、クレマチス、スイカズラ、サルナシ |

D　東側植栽……北側からの通り抜け空間を確保しながら、隣地との目隠しと台所と食堂の窓からの緑を確保し、果樹やハーブなど、食用となる植栽で構成する。

参考	中高木	常緑：ユズ、カボス、スダチ、ヤマモモ
		落葉：サクランボ、リンゴ、ポポー、ナツハゼ、ナシ、モモ
	低灌木	落葉：ブルーベリー、イチジク、キイチゴ、フサスグリ
	下草・草花等	フキ、ミョウガ、ミツバ、ハーブ類、イブキジャコウソウ

〈日常の維持管理作業を考慮した計画の要点〉

● 作業動線……勝手口から出て物置空間で作業道具を準備し、そのまま右回りで作業を行う。

● 作業道具収納場所……物置空間に集約。

● 作業スペース……西側接道の植栽剪定においては道路側から手入れをすることとなるため、歩行者・通行車両などに十分注意する必要がある。

● ゴミの収集場所……物置空間から庭を通って駐車空間へと集めていく。また、道路側の剪定材などは北から南へと集めて、駐車空間に仮置きする。

西側接道敷地の植栽計画

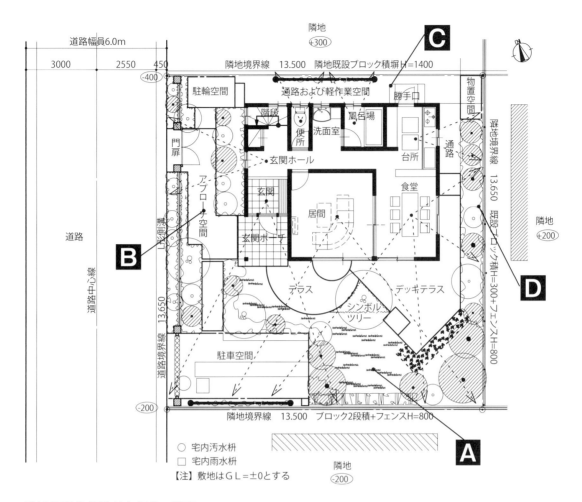

維持管理作業動線と収集・搬出

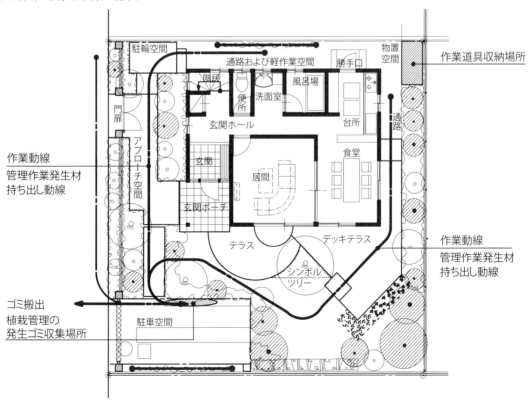

4-3-3　南側接道敷地の植栽・維持管理計画

〈計画の主要な目的〉

　住宅の中にいても、外にいても、暮らしの中の様々な場面で四季折々の緑を感じることができるように、内部空間と外部空間が連動することを目的とした植栽とする。

〈植栽計画について〉

①南側接道を考慮した植栽計画の全体概要

　南側に接道をもつため、庭やアプローチ、駐車空間を南側に計画した。道行く人も楽しめるように、建物と道路との間には豊富な植栽を計画する。道路から見た建物を美しく見せ、同時に街並みとの調和を図る植栽計画とする。

②エリア別の植栽計画の要点

A　庭の植栽……庭に設けられたデッキテラスの緑陰として、庭に奥行き感を生み出すパラソルツリーとして落葉高木を植栽する（エゴノキなど）。食堂やデッキテラスでの集いなどに対し、道路や隣地からの視線に配慮した常緑樹と落葉樹を混植する。庭全体は中高木と花灌木、草花類で囲み、緑に包まれた雰囲気をつくり出す。

B　道路側植栽……道行く人々も楽しめるように四季を彩る中木の花木や花灌木、草花類を植栽する。道路より控えた場所には中低木を植栽し、気持ちのよいもてなしの空間とする。門や玄関からの出入り時には、視線の先に緑が入ってくるように植栽するとともに、園路を包み込む天蓋を落葉樹で演出。さらに、足元は灌木と下草で園路の硬さを和らげ、緑の面白さ、楽しさを体感できる落葉花木を植栽する。

参考	庭 門廻り	中高木	常緑：クロガネモチ、ソヨゴ、ヤマモモ、キンモクセイ、オガタマ、カシ類、ヒメユズリハ 落葉：リョウブ、エゴノキの株立、ヤマボウシ、ソロ
		低灌木	常緑：サツキツツジ、ジンチョウゲ、コクチナシ／落葉：レンゲツツジ、ミツバツツジ
		下草・草花等	シュウメイギク、アガパンサス、アジュガ、スノードロップ、ヒヤシンス、ムスカリ、フッキソウ
	アプローチ 空間	中高木	落葉：イロハモミジ、ハナノキ、ナツツバキ、シモクレン
		低灌木	常緑：ツツジ類、アセビ、ジンチョウゲ／落葉：コデマリ、ヤマアジサイ
		下草・草花等	アジュガ、アマドコロ、ローダンセマム、球根類（原種チューリップ、ヒガンバナ等）

C　駐車空間植栽……駐輪空間の後ろに、目隠しと玄関ホールからの景観をつくりだす高木を植栽する。また、駐車空間とアプローチの間にあるシンボルツリーや中高木は、アプローチの景観植栽ともなる。

D　東側植栽……通り抜け空間を確保しながら、隣地からの目隠しと、台所や食堂の窓からの緑を確保する目的の中高木と、灌木、草花類の植栽構成とする。中高木は、枝張りが大きく広がらない、成長が速すぎない、刈り込みや日照不足に耐える、土壌の湿潤にも耐える樹種を選択する。

参考	中高木	常緑：カシ類、サザンカ、トキワマンサク、カラタネオカタマ
		落葉：リョウブ、ハナミズキ、ハナカイドウ
	低灌木	常緑：シャリンバイ、ハマヒサカキ
	下草・草花等	シャガ、アジュガ、キチジョウソウ、オオバジャノヒゲ、フッキソウ

E　北側植栽……北側は幅1.2 m程度の通路を確保すると、植栽余地は0.4〜0.5m程度となる。洗面室などの水回りの小窓から見える緑の確保と、隣地居室からの視線に配慮するため、日陰や湿潤地などに耐えることができて葉の密度が大きい、常緑性のつる性植物による緑の壁をつくる。

| 参考 | つる性植物 | アメリカツルマサキ、イタビカズラ、ヘデラカナリエンシス |

〈日常の維持管理作業を考慮した計画の要点〉

● 作業動線……物置から作業道具を準備し、勝手口を起点に左右に作業を進め、南側に回り込む。

● 作業道具収納場所……作業起点に近い、作業始めと終わりに都合のよい北西の角に物置空間を設ける。

● 作業スペース……北側を除き比較的広い空間があるので、維持管理作業には問題がない。

● ゴミの収集場所……北側から西側を通り集めるコースと、東から庭側のコースを通って集めた剪定材などを、駐車空間の東側に仮置きする。

南側接道敷地の植栽計画

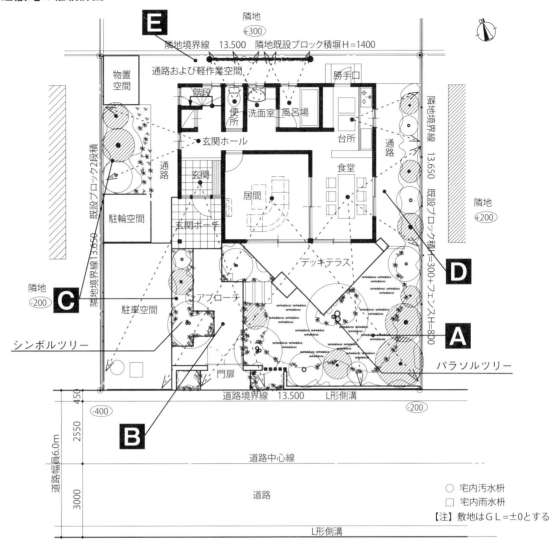

隣地
(+300)
E
隣地境界線　13.500　隣地既設ブロック積塀 H=1400
通路および軽作業空間
勝手口
物置
空間
階段
便所
洗面室
風呂場
玄関ホール
台所
通路
玄関
食堂
居間
隣地境界線　13.650　既設ブロック積塀 H=300＋フェンス H=800
玄関ポーチ
駐輪空間
隣地
(+200)
既設ブロック2段積
通路
デッキテラス
D
隣地境界線 13.650
既設ブロック3段積
隣地
(-200)
C
アプローチ
駐車空間
A
シンボルツリー
パラソルツリー
門扉
450
道路境界線　13.500　L形側溝
(-400)
(-200)
2550
B
道路幅員6.0m
道路中心線
○ 宅内汚水枡
□ 宅内雨水枡
3000
道路
【注】敷地は GL＝±0 とする
L形側溝

維持管理作業動線と収集・搬出

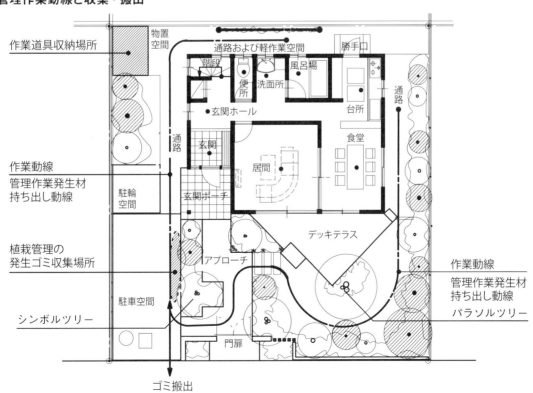

作業道具収納場所
物置
空間
通路および軽作業空間
勝手口
階段
便所
風呂場
洗面所
玄関ホール
台所
通路
玄関
食堂
居間
通路
作業動線
管理作業発生材
持ち出し動線
駐輪
空間
玄関ポーチ
植栽管理の
発生ゴミ収集場所
デッキテラス
アプローチ
作業動線
管理作業発生材
持ち出し動線
シンボルツリー
駐車空間
パラソルツリー
門扉
ゴミ搬出

4-3-4　北側接道敷地の植栽・維持管理計画

〈計画の主要な目的〉

　家族の想いと個性を反映させた植栽とする。具体的には「庭いじりを楽しめる」「管理が負担とならず、植物の成長を楽しめる」「四季の移ろいを強く感じられる」ことを目的とする。

〈植栽計画について〉

①北側接道を考慮した植栽計画の全体概要

　北側接道の敷地は建物が道路境界側に接近し、建物からの圧迫感が強くなりがちで、建物の水回りの小窓などが道路側から間近に見えることが多い。植栽位置と樹種の選択では、屋外設備工事の配管、室外機、桝などが設置されていることも多く、制限が生じる。また、道路と敷地との高低差があるときは、土留めなどの無機質な構造物の印象を軽減するような植栽も必要になる。

②エリア別の植栽計画の要点

A　主庭の植栽……南側の主庭は、南側隣地建物の小窓、勝手口など開口部からの視線の目隠しとなるような植栽が必要となる。ただし、隣地側に並べて植栽するのではなく、密の植栽箇所と粗の植栽箇所の調和が大切である。台所先のデッキテラス前面にハーブの植栽空間を設けると、庭いじりを満喫できる。デッキテラス中央部の高木植栽は、庭の奥行き感を醸し出し、夏の日陰をつくる落葉樹の株立とする。さらに、デッキ南西端を欠きこんで植栽した落葉高木は、紅葉、黄葉の美しい樹種にすると、西日が当たれば、デッキテラスがさらに趣ある空間となる。

参考	中高木		常緑：常緑ヤマボウシ、ソヨゴ、シラカシ、ヤマモモ／落葉：アオハダ、アオダモ、エゴノキ、コハウチワカエデ
	低灌木		常緑：ヒメイチゴ、カラタネオガタマ、セイヨウシャクナゲ／落葉：シロヤマブキ、コムラサキシキブ、コデマリ
	デッキ中央部	中高木	落葉：アオハダ、アオダモ、エゴノキ、ヤマボウシ
		下草・草花等	ギボウシ、ハラン、セイヨウイワナンテン、コクチナシ、ヤブコウジ
	下草・草花		ハーブ類、ミニアガパンサス、フッキソウ、ヒューケラ、シラン

B　道路側植栽……建物が接近した狭い空間での植栽計画にあたっては、現状の土質、埋設物の有無とその位置を確認することが大切である。建物の影になるので直接の日照が少なく、樹種によっては負荷の多い環境といえる。玄関に向かって右手の高木と駐車・駐輪空間東側奥の高木が門柱となり、道路という公共空間と個人空間を区分する役割を果たしている。

参考	中高木	常緑：ソヨゴ、シラカシ、ヤマモモ、カクレミノ、キンモクセイ 落葉：シャラ、アズキナシ、メグスリノキ、コハウチワカエデ
	低灌木	常緑：ヒメイチゴ、カラタネオガタマ、ハマヒサカキ、コクチナシ、セイヨウイワナンテン
	つる性植物	ツルニチニチソウ、ハツユキカズラ（土留め部分）
	下草・草花	フッキソウ、フイリヤブラン、ツワブキ

C　隣地境界側植栽……東側（C1）は常緑樹を配して腐葉土生成場を隠し、庭の奥行き感をつくり出す。午前中の日照が期待できる駐車・駐輪空間の南は芝生とし、建物際も乾燥に強い植物であれば植栽可能となる。西側（C2）は建物周りを通り抜けできる動線確保を第一とした植栽とする。また、居間から南西方向への視界にはカエデ類を、隣地に落ち葉が落ちない位置に植栽する。

参考	中高木	常緑：ソヨゴ、シラカシ、常緑ヤマボウシ、キンモクセイ、トキワマンサク（生垣） 落葉：ハウチワカエデ、コハウチワカエデ、ヤマモミジ
	低灌木	常緑：ハマヒサカキ、コクチナシ、セイヨウイワナンテン、アセビ、カルミア、ツツジ類（落葉もあり）
	下草・地被・草花	ハツユキカズラ、タイム類、ヒメツルソバ、アジュガ、タマリュウ、ヤブラン

〈日常の維持管理作業を考慮した計画の要点〉

● 作業動線……南西側の物置空間を起点に、北側と南側の庭を通って東側の駐車空間へ進む。

● 作業道具収納場所……作業が始めやすい南西に設ける。

● 作業スペース……建物の周囲は比較的空間があるので、管理作業には問題がない。

● ゴミの収集場所……剪定残材の出しやすい、駐車空間の東側道路前に仮置きする。

北側接道敷地の植栽計画

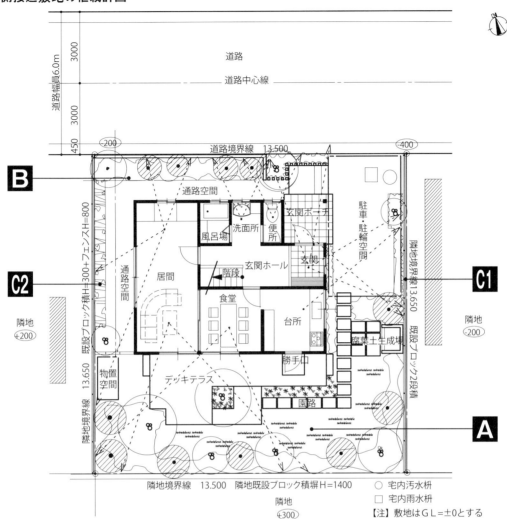

維持管理作業動線と収集・搬出

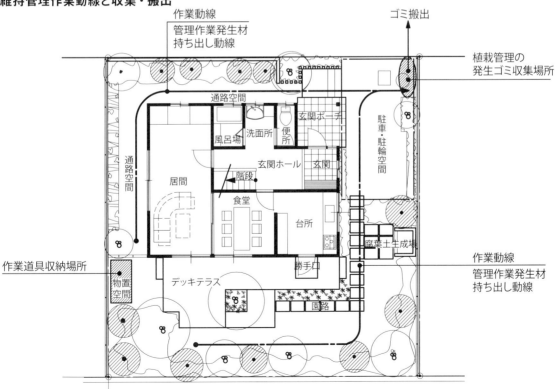

4-4　ライフスタイルと植栽計画

　人生 100 年という時代になり、年齢とともに変化する身体能力に合わせて住宅のリフォームや改修が必然になっているように、エクステリアの植栽も変えていくことを考える。新築時には、自ら維持管理できる範囲で植えた樹木であっても、30 年、40 年も経てば繁殖しすぎたり、枯れてしまったりして当初の面影をなくし、手入れの負担が増えたり、扱いにくくなったりすることがある。住まい手も植栽も年齢を重ねることによるライフスタイルの変化はエクステリアの維持管理にも影響するので、20 年位のサイクルでリニューアルするとよいという意見もある。ライフスタイルの変化については、例えば、次のように想定することができる。

　20 〜 30 歳代の壮年期は、幼児期や学齢期の子供の養育に全力投球している時期で、エクステリアの維持管理にまで、なかなか手が回らないだろう。

　40 〜 60 歳代前半の熟年期になると子供の成長にともなって教育費なども増え、時間のゆとりはできても経済的な負担が重くなる。ただ体力は充実した時期といえるだろう。

　60 歳代後半からの高齢期になると経済的、時間的なゆとりはできたとしても、体力が衰えてくる時機を迎える。

　20 歳代に始まって 80 歳代に至るまでのライフサイクルを考えると、家族の成長や自身の体力の変化、経済的負担などで、いつまでも同じ状態で庭や植栽を維持管理することは合理性に欠け、快適性にも問題が生じるといえる。本節では、同一家族において壮年期から高齢期にかけた植栽計画のビジョンを、維持管理の視点を交えて提案する。

4-4-1　ライフステージに応じた庭のケーススタディ

　ここでは、3 つのライフステージを設定して、庭の変遷を計画してみる。

〈ステージ 1 ／子供の情操教育と近隣とのコミュニケーションづくり〉

　共に 30 歳代の夫婦と小学生の子供 2 人による若い家族の住まいを設定し、この家族環境において展開される日常生活をベースにして庭づくりをスタートさせる。

　この年代の夫婦にとって子供の教育は最も優先度の高い関心事の一つだろう。情操教育のための自然観察、学校から託される観察資料、遊び友達やママ友とのお付き合い、地域社会とのつながりが一番密接な時期でもある。隣近所とのコミュニケーションのスタートもこの時期となる。

　そこで、子供の交友関係や近隣住民とのコミュニケーションを意識したエクステリアを計画する。学習用花壇で観察・栽培活動、キッチンガーデンで話題提供、敷地の角地には春一番に花の咲くシンボルツリーなどにより、地域のなかで生活する基礎づくりを行う。

〈ステージ 2 ／家族の絆を深める〉

　子供が成人期になって庭で遊ばなくなったので、手入れの必要な芝庭から掃除がしやすい簡易舗装の園路を中心にリフォームする。歩行スペースも最小限にして、庭木の下はフリーメンテナンスを目的とした耐陰性のある下草にする。手間のかかるキッチンガーデンはアウトドア・リビングに改修し、利用の多い夏季に備えて夏の花木であるサルスベリを植樹する。同時に道路からの目隠しとして木製フェンスを立てる。ステージ 1 の学習用花壇は、ハーブを中心にした花壇に変更する。

〈ステージ 3 ／穏やかな生活〉

　家の庭を楽しむことが多くなる高齢期を迎え、散策を楽しめるように改修する。計画のポイントは身近に楽しむこと。ステージ 2 のアウトドア・リビングは山野草のロックガーデンに改修し、その前には会話を楽しむ談話スペースを設ける。同時に、道路側に目隠しとして設置した木製フェンスも撤去する。40 年近くなるモミジを小さくするために株の根元から切り、株立ちに仕立て直す。南側の敷地境界近くまで入れるようにモミジの下に園路をつくる。

4-4-2　ライフステージの変化に合わせて考える植栽計画と維持管理

　ライフステージの変化に応じた庭の改修で重要なことは、家族形態と年齢に応じて可能な維持管理作業の範囲である。ここでは、前述したステージ1、2、3の各段階について、次のような考えを前提に計画した。

〈ステージ1〉

　小学生2人の子供を養育中の若い家族。子供の感性を培うために沢山の生活経験をさせたいが、その日その日のスケジュールに追われる状態というのが実情である。学習教材で家庭に任されている植物の観察や栽培は、水やりを1日怠ると萎れ、枯れてしまうし、伸びてきたつる性植物に手をつけなければ地面に這ってしまうなど、朝晩に目をかけなければならない。体力はあっても日常の暮らしに追われて管理に時間を割くことが難しく、家庭教育の教材・季節の花・短時間でできる徒長枝（シュート）の剪定程度が精一杯である。

〈ステージ2〉

　家族全員が自立した状態になっている年代で、夫婦は時間的にも体力的にもステージ1よりはゆとりがもてる。ステージ1の時と比較した維持管理では、毎日の短い時間の繰り返し作業よりも、作業をまとめて長時間行うことの方に適性がある。従って、月単位や季節ごとの移り変わりを楽しむ花木などを植えて維持することができる。ステージ1や3の時代では対応が難しい大きな樹木の剪定や、剪定したあとの大量な枝や落葉の後始末もできる。

〈ステージ3〉

　この年代は、前期高齢と後期高齢以降の年代に分けて考える。

　前期高齢では、まだ体力や作業能力にゆとりがあると考えられるが、後期高齢になると体力や作業能力が衰えてくるので、脚立での作業中の転落事故などといった危険性も増す。軽作業の範囲である雑草処理も座作業になるので、腰痛などの持病があれば難しくなってくる。従って、体力や作業能力にゆとりがあるうちに、後期高齢になっても管理できる状態の庭に改修しておく。ステージ3の年代は時間的なゆとりはあるので、軽剪定や軽作業を小まめにすることで、季節の変化を楽しんだり地域との交流を図ることもでき、活力ある生活を維持できる。

　長期維持管理計画として、ステージ1、2、3ごとの家族でできる管理内容を表4-6にまとめておく。

表4-6　ライフステージ別の家族でできる管理内容

間隔		ステージ1管理内容	ステージ2管理内容	ステージ3管理内容
毎日の管理		灌水、清掃、学習教材の世話	灌水、清掃	灌水、清掃
定期的な管理	2〜3日間隔	収穫、清掃	収穫	花がら摘み、花壇の手入れ
	1週間程度間隔		除草、コンポストの維持管理	コンポストの維持管理（前期高齢）
	1カ月間隔	芝刈り、灌木の徒長枝（シュート）の剪定、つるの支柱と導引、病気・害虫への対処	徒長枝（シュート）や忌み枝等の軽剪定、病気・害虫への対処	徒長枝（シュート）や忌み枝の剪定（後期高齢は低い部分のみ）
	季節単位	中高木の最終形を決めて形を整える軽剪定	樹形を整える剪定、花壇の入れ替え	果実の収穫、花壇の入れ替え（前期高齢）
	年単位	同上	樹形を整える剪定、高齢化対応への準備	（前期高齢）庭の次世代へ引き継ぎの準備として下草の整理、株分けなどの整理、高木の仕立直しと中低木への入れ替えなどと、本数の減少 （後期高齢）管理の負担の殆どいらない庭で季節を楽しむ

ステージ1でも、大きくなった樹木の剪定は時間も後始末も負担になる。高い脚立が必要になったら、専門家に依頼して、最終形になるまで面倒を見てもらう方が賢明といえる。ステージ2では、庭の次世代への引き継ぎの準備を視野に入れておく

4-4-3　ライフステージ1の植栽計画　20～30歳代の家族の計画（夫婦＋小学生の子供2人）

〈教育を考えての植栽計画〉

● 家庭学習の課題となる朝顔や稲作の観察など、学習の庭づくりをメインテーマに計画。家族の集まる居間・食堂の前は常に家族の目が届くので、朝顔などの観察を目的とした学習用花壇を設置。

● 道路に面した東側は植物の生育に大切な朝日や南からの日照も十分確保できるので、東南をキッチンガーデンにして、四季の変化と作物の生育などを学習させる（春夏：カブ、イチゴ、サトイモ、トマト、キヌサヤ等／秋冬：ホウレンソウ等）。

● 東側道路境界は600mm程度の高さに刈り込んだ生垣で囲い、近隣の人達とのコミュニケーションを図る。

● 南側の中高木の根元に子供が入ることを想定し、下枝を高めに剪定することで安全を確保する。

● 樹種の選定基準は「季節を先取りする花」「害虫がつきにくいもの」「あまり大きくならないもの」とする。

● 菜園や花壇の管理に時間が取られるので、樹木はあまり管理作業を必要としない「成長のゆっくりしたもの」で、「季節感を出すもの」「枝下に余裕のある樹木」　などを考えて選択する。

● 収穫を楽しむことができる実のなる樹木も植える。

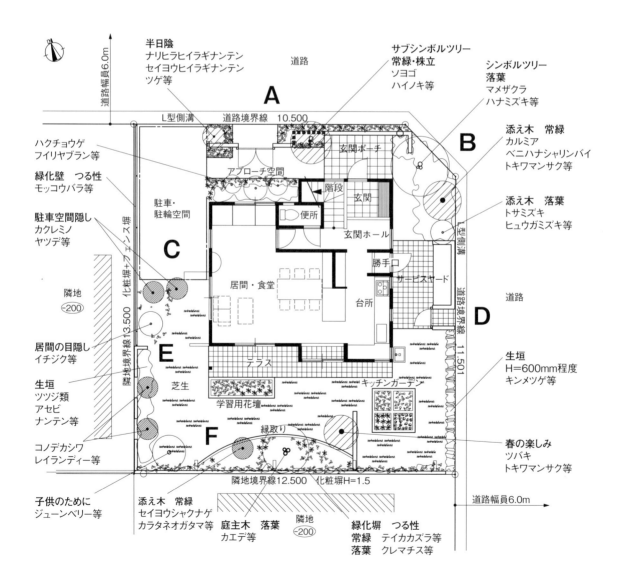

〈エリア別の植栽計画〉

A　門廻り・アプローチ

● 門の前は道路よりセットバックさせて植栽スペースを確保する。

● 門の脇にサブシンボルツリーを配植。シンボルツリーが落葉花木なのでここは常緑樹を選択。明るい印象となるように広葉樹とする。

● 門から入った正面にはハクチョウゲなど白の花を中心とした植え込みで明るさを演出する。

サブシンボルツリー	中高木	常緑：ソヨゴ株立ち、ハイノキ株立ち等
根締め	低灌木	常緑：サツキツツジ等
脇植え込み	低灌木	常緑：ナリヒラヒイラギナンテン、セイヨウヒイラギナンテン、ツゲ等
アプローチ植え込み	低灌木	常緑：ハクチョウゲ等
下草		フイリヤブラン、ノシラン、ヤブコウジ、キチジョウソウ等

B　玄関ポーチ

● 隅切りに植栽したシンボルツリーでポーチを華やかにする。

● シンボルツリーと脇を締めている低木や下草による隅切りの植栽スペースは、玄関ポーチと一体となって街並み景観にも寄与させる。

シンボルツリー	中高木	落葉：マメザクラ、ハナミズキ等
添え木	低灌木	常緑：カルミア、ベニハナシャリンバイ、トキワマンサク（赤やピンクの花）等
		落葉：トサミズキ、ヒュウガミズキ（穂状花序の黄色い花）等
下草		クリスマスローズ、ビンカミノール、シラユキゲシ、ラミューム等

C　駐車・駐輪空間

● 駐車・駐輪空間の奥には、カクレミノなどの陰樹を植栽して目隠しとする。

● ヤツデは成長が速いので目隠しを急ぐ場所に。

● 西側隣地境界は維持管理の頻度が少なくてすむモッコウバラなどの緑化壁に。

目隠し	中高木	常緑：カクレミノ、ヤツデ等（成長の速いもの、日陰に強いもの）
隣地境界、緑化塀	つる性	モッコウバラ等（トゲがなく手入れの頻度が少ないもの）

D　東側サイドヤード・サービスヤード

● 道路側の生垣は低めにして地域との交流を図り、キッチンガーデンをつくる。

● 作業中の住まい手と地域の人の交流が深められるように配慮する。

● サービスヤードは、コンポスト置き場・道具収納場所・剪定材や刈り草などの一時置き場とする。

生垣	低灌木	常緑：キンメツゲ、アベリアホープレイズ、アベリアコンフェッティ、シルバープリペット（セイヨウイボタ）等
		落葉：ヒュウガミズキ、クルメツツジ、キリシマツツジ等

E　西側サイドスペース

● 隣家との境界は生垣と低灌木で目隠しをする。

● 主庭と一体となった子供の遊び場とするために、グランドカバーは芝にする。

隣地境界	生垣	常緑：ツツジ類、アセビ、ナンテン、キンシバイ等
目隠し	低灌木	落葉：イチジク、アジサイ等／常緑：コノテガシワ、レイランディー等

F　主庭空間

● 子供の遊びをメインに計画　　● 学習用花壇は観察学習対象　　● 芝はできるだけ広く平らに

● 庭木の下にも入りやすいように中高木の低い枝は剪定し、根元のまわりの下草部分は最小限にする。

樹木	中高木	落葉：カエデ（メイン）等／常緑：セイヨウシャクナゲ、カラタネオガタマ等（添え木）
敷地境界緑化塀	低灌木	常緑：ツバキ、トキワマンサク等
	つる性	常緑：テイカカズラ、イタビカズラ、ムベ等／落葉：クレマチス、アケビ、ツルアジサイ等
西角樹木	中高木	落葉：ジューンベリー等（サブメイン）
根締め	低灌木	ヒメヒサカキ、レンギョウ、アセビ、ハマヒサカキ、ヒメウツギ、コニファー類
下草等		芝、タマリュウ等
花壇		アサガオ、ヒマワリ、ホウセンカ、ニゲラ等

4-4-4　ライフステージ2の植栽計画　40〜60歳代前半での第1回リフォーム

〈家族各々の生活時間は確保しながら家族の絆を深める植栽計画〉

- 近い将来に独立していく子供たちとの絆を深めることを目標にする。
- ステージ1では家庭での教育を目標にしたエクステリアであったが、このステージでは家族としての充実した時間をもてるエクステリアとする。
- 学習用花壇は、家族での食卓を彩るハーブ花壇にする。
- 季節ごとに植え替えが必要だったキッチンガーデンは、アウトドア・リビングにリフォームし、家族や親しい友人などとの交流を深める場にする。
- アウトドア・リビングへのリフォームに伴い、道路からのプライバシー確保のため、低めに刈り込んである生垣の内側にH=1600〜1800mm程度の目隠し木製フェンスを立てる。
- 植栽管理の軽減のため、園路は掃除のしやすい真砂土打ちなどの軽舗装にリフォームし、他は耐陰性のあるヤブラン、ギボウシ、タマリュウなどで覆い、草取り作業の軽減を図る。
- 植栽は手入れが楽な樹種への植え替えなども行い、根元まわりは耐陰性のある下草で覆って手入れの簡易化を図る。

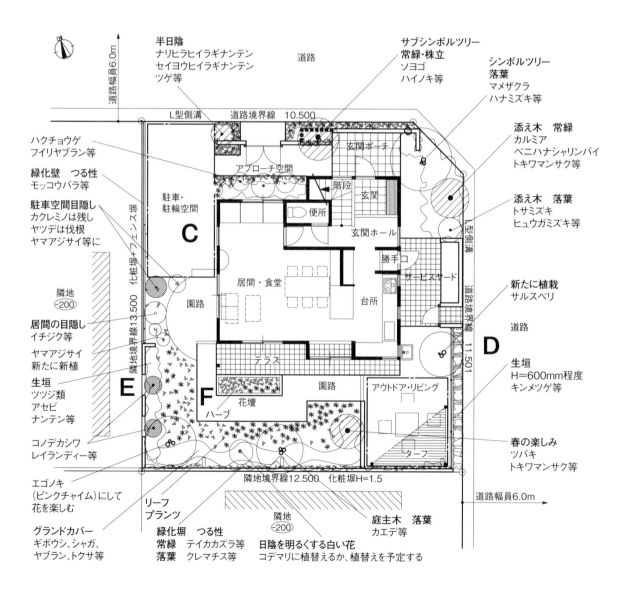

〈エリア別の植栽計画の変化〉

C　駐車・駐輪空間

● 目隠しのヤツデは成長が速く手入れが大変なので、順次植え替えを検討。日陰に強く、手入れの頻度が少なくてすみ、同時に居間・食堂から花を楽しめるヤマアジサイなどを植栽する。

目隠し	低灌木	常緑：ヤツデを抜根　→　落葉：ヤマアジサイ等に植え替え

D　東側サイドヤード・サービスヤード

● キッチンガーデンを撤去して、床をレンガ張りまたは木製デッキのアウトドア・リビングに改装する。
● サルスベリを新たに植栽し、夏のパーティのための木陰をつくる。
● プライバシー確保のために、生垣の内側に目隠し木製フェンスを設置する。

樹木	中高木	落葉：サルスベリ
キッチン花壇		撤去してアウトドア・リビングに

E　西側サイドスペース

● 主庭と連続する園路と、リーフプランツの植え込みに区分する。
● 隣地境界の近くに、目隠しとしてヤマアジサイを新植。

目隠し	低灌木	落葉：ヤマアジサイを新植

F　主庭空間

● 学習用花壇はハーブ花壇にして、作業手間の軽減と食卓の話題提供に活用する。
● 園路部分は維持管理負担を軽減するため、最小スペースにして軽舗装にする。
● 芝の手入れは負担になるので、軽舗装の園路と丈の短いリーフプランツの植え込みに替える。
● 樹木の日陰部分は、グランドカバーとして耐陰性のあるギボウシ、ヤブラン、シャガ、トクサなどに植え替える。
● 西南角の樹木は、実を楽しむジューンベリーから、花を楽しむエゴノキに植え替える。

西南角樹木	中高木	落葉：エゴノキ（ピンクチャイム）に植え替え
花壇		ハーブ花壇にする
草花類		リーフプランツの植え込みと、樹木の日陰部分にはギボウシ、ヤブラン、シャガ、トクサ等

〈花と味を楽しむハーブ花壇〉

　ハーブは、香りや味で料理を引き立てたり、虫除けや薬効などもあるため、料理用・薬用・芳香用などに利用されている。プランターや庭で栽培されている場合も多い。ハーブの多くは葉や茎の使用を目的としているので、彩りの乏しい花壇となりがちで、観賞する楽しみが不足する。

　しかし、ハーブの中でもエディブルフラワーは花と食を楽しむことができる。家族で花壇のハーブやエディブルフラワーの世話をし、収穫して食卓に乗せ、栽培のノウハウなどについて談笑することは、近い将来に子供たちが自立し、それぞれの道へと歩み出す前の一時、家族の絆を深める強い味方になってくれる。

　家庭で栽培して楽しめそうなハーブとエディブルフラワーの代表的なものを「4-4-6　計画案の植栽リスト」の中にまとめておく。

　ハーブやエディブルフラワーは、一度に沢山使うものではないので複数の種類を植えて楽しむのがよい。その他のポイントとしては次のようになる。

● 生育条件を揃える……乾燥土を好むもの、湿度の高い土壌を好むものなど生育条件の適性が異なるものを一緒に植えたりすることのないように、生育条件が同じものを選ぶようにする。
● 草丈のバランス……匍匐性や草丈の高低を見ながら日照や風通し、観賞を考えて植栽する。
● 色彩の組み合わせ……黄色やオレンジ色が多いが、ブルーやパープルなどもある。
● プランツの札（タグ）を確認……苗の購入時には食用であるかを確認する。

4-4-5　ライフステージ3の植栽計画　60歳代後半からの第2回リフォーム
〈維持管理負担を最小限に、地域社会とのつながりを重視〉

- 前期高齢では維持管理のための体力はまだ十分にあり、加えて時間的にも庭木などに関わるゆとりが出てくる年代であるが、後期高齢を視野に入れて、いずれ自分でできるのは、草取り、草花管理、低木の剪定程度であるということを認識し、前期高齢と後期高齢に分けて計画する。
- 身体能力に合わせて維持管理負担を軽減していくことを視野に入れ、植栽の数をできるだけ減らし、樹高、枝張りの小さいものにする。
- これまでに大きくなった樹木は幹の根本から伐採し、「ふき直し株立ち」に仕立直す。株立ちにすることで樹高を低くし、枝張りを抑え、管理の軽減を図るとともに、軽快さを演出することができる。
- 全体に明るい雰囲気のエクステリアをつくるために、高低差をつけた雑木林風につくり変える。
- 園路を充実させて庭の散策を楽しめるようにし、園路以外は手入れがいらず、葉が広がりすぎないリーフプランツ（ヤブラン、ギボウシなど）とする。
- これまでプライバシーを確保していたアウトドア・リビングは、目隠しの木製フェンスを撤去し、道行く人との交流を楽しめるようにする。
- 東南の角は山野草のロックガーデンにリフォームして、その前に談話スペースを設け、地域のコミュニティスペースとする。

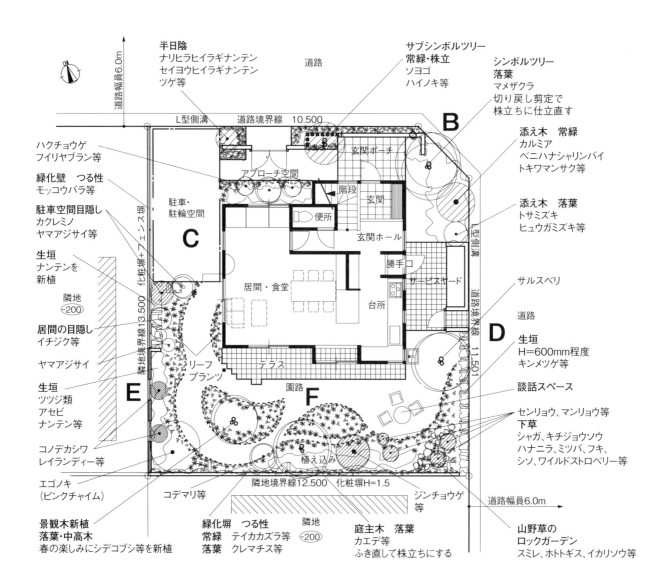

〈エリア別の植栽計画の変化〉

B　玄関ポーチ

● シンボルツリーのマメザクラは手入れを軽減するため、ふき直して株立ちにする。

シンボルツリー	高木	落葉：マメザクラ、ハナミズキ　→　切り戻してふき直し、株立ちに
下草		クリスマスローズ等にアジュガ、ヤブコウジ、フッキソウを追加

C　駐車・駐輪空間

● 駐車・駐輪空間と西側サイドスペースの境界の目隠しを、ナンテンの生垣で強化。

● ナンテンは萌芽力があるので、どの部分で剪定しても育つ。葉が密に茂るので目隠し向き。

● 高齢者でも管理しやすいヤマアジサイを増殖。

目隠し	低灌木	常緑：ナンテン刈込生垣を新植　＋　落葉：ヤマアジサイを増植

D　東側サイドヤード・サービスヤード

● アウトドア・リビングを山野草のロックガーデンに改修。センリョウ、マンリョウを新植する。

● メンテナンス軽減のため主庭と一体化し、回遊を楽しめる庭にする。

● 東側の目隠し塀は撤去して、通行人との交流を楽しめるようにする。

● 床は一部を真砂土などの軽舗装材にする。

目隠し	低灌木	常緑：センリョウ、マンリョウを新植
ロックガーデン	山野草	スミレ、ホトトギス、イカリソウ、キンポウゲ、ノシラン、アガパンサス、ヒューケラ等

E　西側サイドスペース

● 主庭と一体化させて回遊を楽しめる庭にする。

● 半日陰を好むリーフプランツと簡易舗装の園路にする。

● 駐車・駐輪空間から続くナンテンの生垣を隣地境界にも新植。

目隠し	低灌木	常緑：ナンテン刈り込み生垣を新植

F　主庭空間

● 花壇をなくし、景観樹木として西側にシデコブシなどを新植。主木のカエデはふき直して株立ちに。

● 東側にはジンチョウゲ、センリョウ、マンリョウを新植。

● 庭空間に変化をつけ、庭の散策と植栽を楽しむため回遊できる園路をつくる。

● 下草は、東側はロックガーデンから連続する山野草を植栽する。全体的には耐陰性のあるもので色彩、葉の形などの対比を楽しめ、季節の花や実の楽しめるものにする。

樹木	中高木	落葉：カエデ（メイン）はふき直し株立ちに、シデコブシを新植
	低灌木	常緑：ジンチョウゲ、センリョウ、マンリョウを新植
下草等		山野草、シャガ、キチジョウソウ、ハナニラ、ミツバ、フキ、シソ、ワイルドストロベリー
花壇		撤去

〈庭の断捨離（庭じまい）〉

　「相続した土地の利用に当たり、邪魔になる庭の大木を処分しようとしたら、伐採、抜根、処分費で100万円程の見積になり驚いた」という話を聞いた。一般的な住宅で、ここまで高額な処分費になることは少ないが、遺産の処分で困ったという話はよくある。庭木もその原因になりやすいので、常に自ら管理することができる程度にしておくことは、住まい手にも、相続人にとっても負担の軽減になる。

　家財道具と違い、放置された植物は成長して増える。大きくしすぎない、増やしすぎない、軽作業で処分できる状態にしておき、さらにその維持管理が負担にならないような早めの判断と対応を心がける。

4-4-6　ライフステージ計画の植栽リスト

　ライフステージ1、2、3の植栽例で紹介した樹種と花壇のハーブ、エディブルフラワーなどを一覧表にした。成長の速度や萌芽力は、維持管理を考えて樹種を決める時の参考になる。成長速度が速ければ緑化も進むが、剪定の頻度も高くなる。また、萌芽力が強いものは少々乱暴な剪定にも耐えることができる。

　なお、カエデ類、ツツジ類など図中で樹種を確定していないものや、参考となる類似種も一部入れている。

中高木　　　　　　　　　　　　　　　　　　　　　　萌芽力・耐剪定　〇＝強い　△＝普通　×＝弱い

樹種名		成長	萌芽力	耐剪定	樹形	性質	特性
エゴノキ（ピンクチャイム）		やや速	△	△	楕円形	落葉／広葉／中庸樹〜陰樹	枝が横に張る／樹形が整いやすい／剪定嫌う
カエデ類	トウカエデ	速	〇	〇	半球形	落葉／広葉／陽樹	耐寒性あり／乾燥を嫌う／芽出しと紅葉が美しい
	ハウチワカエデ	やや速	〇	〇	半球形	落葉／広葉／中庸樹〜陰樹	耐寒性あり／大きくなる／乾燥嫌う／紅葉が美しい／株立ちもよい
	イロハモミジ	やや速	〇	〇	楕円形	落葉／広葉／中庸樹〜陰樹	別名イロハカエデ、モミジ
カクレミノ		やや速	△	△	楕円形	常緑／広葉／極陰樹	樹幹が真直ぐな幹立状
カラタネオガタマ（トウオガタマ、トキワコブシなど）		遅	〇	〇	卵形	常緑／広葉／中庸樹	移植に弱い／花は白色・紫色／バナナのような芳香／水はけの良い所／自然形が美しい
コノテカシワ		速	△	△	円錐形	常緑／針葉／陽樹〜中庸樹	オオレアナ・エレガンテシマ等各種あり／耐寒性・耐暑性あり
サルスベリ		速	〇	〇	楕円形	落葉／広葉／陽樹	樹幹が滑らか／新梢に花芽が付く／潮害に強い
ジューンベリー		やや速	〇	〇	株立状	落葉／陽樹	花は白色／実は赤色／自然に樹形が整う／耐寒性・耐暑性あり
シルバープリペット（セイヨウイボタ）		やや速	〇	〇	円形	半常緑（寒冷地では落葉）／広葉／陽樹	樹形が乱れやすい
ソヨゴ		やや遅	〇	〇	卵形	常緑／広葉／中庸樹	花は白色／実は赤色
ツバキ		遅	〇	〇	卵形	常緑／広葉／中庸樹	潮害に強い
ハイノキ		遅	〇	△	卵形	常緑／広葉／陽樹〜中庸樹	実は赤色／花は白色／300種程ある／剪定しやすい／日陰に強く成長が遅い／強い日差しに弱い
ハナミズキ		普通	〇	△	球形	落葉／広葉／中庸樹	
ヒメコブシ（シデ）		やや速	△	△	球形	落葉／広葉／中庸樹	花は白色、ピンク色
マメザクラ		やや速	×	〇	楕円形	落葉／広葉／半陰樹	別名フジザクラ等／樹高が低い／湿気を好む
レイランディー		やや速	〇	〇	円錐形	常緑／針葉／陽樹	育てやすい／耐暑性あり／耐湿性なし／葉が線状で黄色のゴールドライダー等

低木、灌木　　　　　　　　　　　　　　　　　　　　萌芽力・耐剪定　〇＝強い　△＝普通　×＝弱い

樹種名	成長	萌芽力	耐剪定	樹形	性質	特性
アジサイ（一般）	速	〇	〇	株立状	落葉／広葉／半陰樹	乾燥に弱い／列植・寄植えに向く
ヤマアジサイ	やや遅	〇	〇	株立状	落葉／広葉／陰樹	ガクアジサイを小型にした形状／日本原産／庭の中で使いやすい

樹種名		成長	萌芽力	耐剪定	樹形	性質	特性
アセビ		遅	○	○	株立状	常緑／広葉／陰樹	葉茎は有毒／花は白色／紅色の花が咲くのはアケボノアセビ
アベリア・ホープレイズ		やや遅	△	△	這状	常緑／広葉／中庸樹〜陰樹	別名ツクバネウツギ／葉の縁が黄色／寄植え単植に向く
イチジク		速	○	△	株立状等	落葉／広葉／陰樹	日光を好む／別名トウガキ／果実を目的としなければ日陰でもよい／種類多い
イヌツゲ（ツゲ）		遅	○	○	卵形	常緑／広葉／陰樹	花は黄色／耐暑性・耐寒性・耐潮性あり／生垣向き／玉散らし、トピアリー等仕立物向き
キンメツゲ、クサツゲ		非常に遅	○	○	楕円形	常緑／広葉／中庸樹〜陰樹	イヌツゲの改良種／金色の新芽が特徴／耐寒性・耐暑性あり
カルミア		遅	△	△	株立状	常緑／広葉／陽樹	花はピンク色
キンシバイ		速	○	○	株立状	落葉／広葉／中庸樹	細枝多い／花は黄色
コデマリ		速	○	○	叢生状	落葉／広葉／中庸樹	花は白色／耐寒性あり
シャクナゲ（日本）		遅	△	△	株立状	常緑／広葉／中庸樹〜陰樹	根締め向き／環境条件により2〜3mになる
セイヨウシャクナゲ		やや遅	△	△	株立状	常緑／広葉／陽樹〜中庸樹	強い日差しを嫌う／樹高がシャクナゲ（日本）より高くなる
シャリンバイ		遅	○	△	半球形	常緑／広葉／中庸樹〜陰樹	大気汚染、潮害に強い
ジンチョウゲ		やや遅	○	○	半球形	常緑／広葉／陰樹	根締め向き／芳香性あり花は白色・紫色／主幹がなく枝が密生する
セイヨウヒイラギナンテン		やや遅	○	○	株立状	常緑／広葉／陰樹	耐陰性が高い／湿潤地を好む
ナリヒラヒイラギナンテン ホソバヒイラギナンテン		やや遅	○	○	株立状	常緑／広葉／陰樹	細葉／花穂は小さくて葉の上に花がつく／穂花は黄色
ヒイラギナンテンチャリティー（マホニアチャリティー）		やや遅	○	○	株立状	常緑／広葉／陰樹	葉幅が広い／花穂は大きくて葉の下に花がつく／穂花は黄色
ヒイラギナンテン（在来）		遅	△	△	株立状	常緑／広葉／陰樹	耐暑性・耐風性有あり／病気・害虫に強い
センリョウ		やや速	○	△	株立状	常緑／広葉／陰樹	実は赤色
ツツジ・サツキ類	一般	遅	△	○	楕円形	常緑・落葉あり／広葉／陽樹〜中庸樹	
	クルメツツジ	遅	△	○	株立状	半常緑／広葉／陽樹〜中庸樹	キリシマツツジの交雑種／小型で花付きがよい
	キリシマツツジ	遅	△	○	株立状	半常緑／広葉／陽樹〜中庸樹	寒地では半落葉／列植・群植向き
	ミツバツツジ	遅	△	○	株立状	落葉／広葉／陽樹〜中庸樹	花はピンク色／園芸品種多い
	サツキツツジ	遅	○	○	半球形株立状	常緑／広葉／陽樹〜中庸樹	耐寒性劣る
トキワマンサク		速	○	○	楕円形	常緑／広葉／陽樹〜中庸樹	花は淡黄色・紅色・桃色／アカバナトキワマンサクの花は赤銅色

樹種名	成長	萌芽力	耐剪定	樹形	性質	特性
トサミズキ	やや速	○	△	株立状	落葉／広葉／陽樹〜中庸樹	花は黄色／水はけのよい土地を好む
ナンテン	やや遅	○	○	株立状	常緑／広葉／中庸樹〜陰樹	赤い実が美しい／列植に向く
ハクチョウゲ	やや遅	○	○	叢生状	常緑／広葉／陽樹〜中庸樹	花は白色
ヒサカキ（ミヤマヒサカキ）	やや遅	○	○	球形	常緑／広葉／中庸樹〜陰樹	潮害に強い／寄植・列植に向く／葉の先端に鋸歯あり
ハマヒサカキ	やや遅	○	○	円錐形	常緑／広葉／極陰樹	海岸植物／耐潮性あり／大気汚染に強い／花は白色／実は黒紫色／丸みのある葉につやあり
ヒメヒサカキ	非常に遅	△	○	球形	常緑／広葉／陰樹	葉が小さいのが特徴／屋久島固有の種
ヒメウツギ	やや遅	△	△	這状	落葉／広葉／半陰樹	耐寒性あり／暑さにやや弱い／枝が横に這うように伸びる
ヒュウガミズキ	やや速	○	○	株立状	落葉／広葉／陽樹〜中庸樹	花は黄色
ビヨウヤナギ	速	○	○	株立状	落葉／広葉／中庸樹	花は黄色
マンリョウ	やや遅	△	△	幹立	常緑／広葉／陰樹	実は赤色、白色もあり／樹幹の上部で分枝／剪定の必要がない
ヤツデ	やや速	○	○	株立状	常緑／広葉／極陰樹	
レンギョウ	速	○	○	叢生状	落葉／広葉／陽樹	花は黄色／耐乾性あり

つる性　　　　　　　　　　　　　　　　萌芽力・耐剪定　○＝強い　△＝普通　×＝弱い

樹種名	成長	萌芽力	耐剪定	樹形	性質	特性
アケビ	速	○	○	つる性全長5〜15m	落葉／半日陰を好む	葉は卵型／実は紫色／三つ葉と五つ葉がある
イタビカズラ	やや遅	○	○	つる性全長2〜4m	常緑／半日陰でもよい／幼木期は陰性、成木期は陽性	壁面を茎葉ともに張り付くように成長する／丸葉イタビもある
クレマチス	品種による	△	△	つる性全長2〜5m	常緑・落葉あり／陽〜半陽を好む／根本は陰地	多種あり／園芸種多数／耐暑性あり／花はピンク色・白色・紫色等多種
ツルアジサイ	やや速	○	○	つる性全長10〜20m	落葉	ツルデマリともいう／耐陰性・耐寒性あり／湿度を好む／幹や枝から気根を出して這う
テイカカズラ	速	○	○	つる性全長3〜10m	常緑	耐寒性あり／芳香性あり／花は白色／園芸品種もあり（オーレア・フイリ）
ハツユキカズラ	やや遅	○	○	つる性全長0.5m以上	常緑	葉の先が白色・ピンク色になる／耐暑性あり／つるが地面を這う
ムベ	速	○	○	つる性全長3〜5m	常緑／陽樹〜中庸樹	葉は卵形／実は紫色／半日陰を好む
モッコウバラ	速	○	○	つる性全長2〜5m	常緑／中庸樹	花は白色・黄色／誘引必要

エディブルフラワー　　　　　　　　　　　　　　　　　　　　　　耐寒性・耐暑性　○あり　△弱い　×無し

植物名	生育型	草丈 (cm)	耐寒性	耐暑性	花色	花期 (月)	備考
エキナセア（ムラサキバレンギク）	多年草	30〜100	○	△	赤／ピンク／黄／オレンジ／白	5〜10	品種を確認して購入／花色や形が豊富／水はけのよい所／花丈が品種により異なる
キンセンカ（ポットマリーゴールド、カレンデュラ）	一年草	10〜30	○	△	オレンジ／黄	12〜5	食用苗を購入のこと／水はけのよい土／マリーゴールドとは異種
コリアンダー（パクチー）	一年草	40〜60	○	△	白	5〜6	水はけのよい土／耐陰性○
ジャーマンカモミール	一年草	30〜50	○	△	白	3〜6	水はけのよい土／風邪の民間薬
スイートアリッサム	一年草多年草もあり	10〜15	○	○	白／オレンジ／ピンク／紫／黄	10〜4	若葉も食用になる／甘い香り／高温多湿×／夏期遮光シート保護／グランドカバーによい
スナップドラゴン（キンギョソウ）	一年草	20〜100	○	○	白／ピンク／赤／黄／橙など	4〜6	乾燥気味で水はけのよい所／夏は半日日陰に
チャイブ	多年草	20〜40	○	○	ピンク／紫	5〜7	芳香性あり／直径3cm位の花が咲く
ナスタチュウム（キンレンカ、ノウゼンハレン）	一年草	20〜30	×	×	黄／オレンジ／赤／アプリコット	4〜11	匍匐性／花だけでなく若葉も食用になる／多湿×
ナデシコ	多年草	10〜60	○	○	白／ピンク／赤／紫	4〜10	花にほんのり甘みがある／高温多湿×
ノースポール（クリサンセマム）	一年草	20〜30	○	×	白	12〜5	マーガレットに似た小さめの花／乾燥気味で水はけのよい所に
パンジー、ビオラ	一年草	15〜20	○	×	白／赤／ピンク／オレンジ／紫	10〜5	冬の花として楽しめる／風通し・日当たりのよい所
ボリジ	一年草	40〜100	○	×	ブルー／白	4〜6	星形の花／別名マドンナブルー／高温多湿×
マリーゴールド	一年草	20〜50	×	○	オレンジ／クリーム／黄	5〜11	コンパニオンプランツ効果あり
ローズゼラニュウム（テンジクアオイ）	多年草（常緑性低木）	30〜100	×	○	ピンク系濃淡	5〜7	乾燥気味の土／バラのような香り、ペパーミントのような香りあり／葉はフレッシュティーにして楽しめる／防虫効果あり

注意　食用苗またはエディブルフラワーとして販売されているものを購入すること

ハーブ　　　　　　　　　　　　　　　　　　　　　　　　　　　　耐陰性・耐乾性　○あり　△弱い　×無し

植物名	生育型	利用部位	草丈 (cm)	耐陰性	耐乾性	花期 (月)	花色	備考
アオジソ	一年草	葉・花穂	70〜80	○	×	8〜9	ピンク	耐暑性○／耐寒性×
イングリッシュラベンダー	常緑小低木	花・葉	30〜60	×	○	6〜7	紫	花・葉に芳香あり
オレガノ	多年草／寒冷地一年草	葉	20〜80	○	○	5〜8	ピンク紫	強い芳香あり／別名ハナハッカ／高温多湿×
クレソン	多年草	葉・茎	10〜20	○	×	4〜5	白	水耕栽培向き／別名オランダガラシ
コモンセージ	常緑小低木	葉	30〜60	△	○	4〜6	紫	品種が多いので、目的に応じて使用
スイートマジョラム	常緑多年草	葉・茎	30〜60	×	△	7〜8	ピンク	葉は綿毛状
タイム	常緑小低木	花・葉	10〜30	×	○	5〜7	ピンク	高温多湿×

植物名	生育型	利用部位	草丈(cm)	耐陰性	耐乾性	花期(月)	花色	備考
チャービル (セルフィーユ)	一年草	葉・茎	20～50	○	×	6～7	白	耐暑性○／葉がレース状／甘い香り
バジル	一年草	葉・茎	30～60	×	×	7～9	白	葉に芳香
パセリ	2年草	葉	20～30	×	×	6～7	白	育てやすい／耐暑・耐寒○／成長が速いので混植しない方がよい
ミツバ	多年草	葉・茎	15～30	○	×	5～7	白	耐暑性×／耐寒性△／リボベジ（再生野菜、残した根から新葉が出て繰返し収穫できる）
ミョウガ	多年草	苞	40～100	○	×	7～10	薄黄	耐暑性○
ミント	多年草 (冬枯れ)	葉	30～60	×	○	8～9	白	ペパーミント、スペアミント等多種あり／ランナーで増える
ローズマリー	常緑低木	葉	30～100	×	○	10～3	青紫	匍匐性のものもある／葉に芳香あり
ローマンカモミール	常緑多年草	花	20～40	×	△	4～6	白	水はけのよい土を好む

毒のある草花

　花壇に植える一般的な草花の中にも毒のあるものがある。次に取り上げたもの以外にも身近に毒性のある植物はあるので注意が必要。毒性のある草花をハーブ花壇や花壇の近くには植えないように注意する。

植物名	毒のある部分	備考
イヌサフラン	全草に猛毒	ギョウジャニンニク・ニンニク・タマネギと間違えて誤食することが多い
クリスマスローズ	全草	葉先の露に注意
ジギタリス	全草／特に葉に毒が多い	イングリッシュガーデンの人気の花なので注意が必要
スイセン	全草／球根の毒性が強い	葉をニラと、球根をタマネギやラッキョウと間違え誤食することが多い
スズラン	全草／葉は猛毒／花粉にも毒	青酸カリの15倍の毒性といわれている。花を生けた水も要注意
トリカブト	全草／花粉にも毒	毒のある植物の代表的存在
ヒガンバナ	全草／球根は猛毒	球根の毒性でネズミやモグラ退治に利用
フクジュソウ	全草	フキノトウと間違えて誤食しやすい

第5章 エクステリアにおける植栽の自然管理方法

植栽の自然管理のすすめ
庭づくりに取り入れたい自然管理方法
エクステリアの生態系と虫や鳥との関係
薬剤を使わずに病気や害虫を防ぐ方法
薬剤を使わない除草管理

5-1　植栽の自然管理のすすめ

　エクステリアの緑を維持していくうえで最も大切なことは、持続可能な管理を意識することである。

　緑すなわち植物は、生育して花を咲かせたり、実をつけて住まいの環境を緑豊かな空間にする。そこは身近に自然と触れ合う場所でもある。また、生物の生きる環境としての役割も大きく、小さな庭であっても鳥や虫、菌や微生物に至る様々な生物が生活をしている。植物や生物そのものがエサとなり、強いものが生き残るが、過度にバランスを崩すことなく生態系が保たれている。また、生物の排泄物は天然の肥料として植物に吸収されて栄養となる。

　このようなことから、自然の仕組みを理解し、人間だけでなく互いに享受し合う関係（生態系）を保つような自然管理は、緑の維持だけでなく、住まい手にとっても住環境の快適さや健康にも重要といえる。

5-1-1　里山に学ぶ維持管理の方法

　かつて日本には里山という地域が数多くあり、そこでは自然を利用した循環型システムにより生産活動が行われ、生活が営まれていた。里山は集落の人々の生活を支える農林業を行うために、人工的に植林された二次林（スギ、ヒノキなどの植林も含む）、農地やため池によって構成され、日本各地で継承されてきた。里山では、衣食住における食料や材料が生産され、人々は自然が生み出した資源を利用しながら、さらに循環（リサイクル）させることで持続可能な生活を維持してきた。

　里山では人々の生活を支える家畜だけでなく多種多様な生物が生息しており（生物多様性）、人々は農作物を食害する虫をエサとする鳥や虫の活動に助けられ、土壌微生物や菌類の働きを堆肥づくりなどに利用しながら安定的に生活することができた。

　近年、都市化や人口減少などにより、里山のシステムも崩れ出し、そこで培われてきた知恵は失われつつある。しかし、里山の優れた生産機能や循環システム、生態系サイクルの知識を学び、現代の生活に取り入れることは可能であり、それをエクステリア植栽の維持管理においても応用していきたい（写5-1、図5-1）。

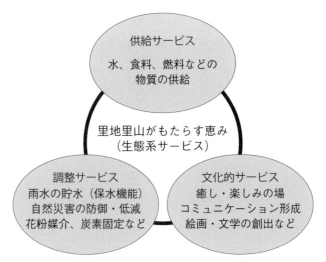

写5-1　重要里地里山に指定された「佐渡の里地里山」（新潟県）。水田のビオトープ化やトキの生息環境の整備などが島内全域に広がっている。「世界農業遺産」にも認定されている

図5-1　里地里山がもたらす生態系サービス（環境省パンフレット「重要里地里山500」より）

　環境省では、生物多様性保全において重要な地域を明らかにし、同地域の保全活用のための取組が促進されることを目的として「生物多様性保全上重要な里地里山」を全国で500選定した（2017年）。選定基準は①多様で優れた二次的自然環境を有する里地里山②さまざまな野生動植物が生息・生育する里地里山③生態系ネットワークの形成に寄与する里地里山

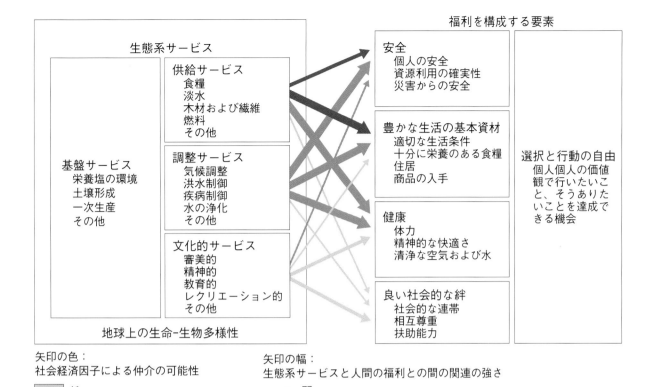

図5-2　ミレニアム生態系評価報告書の生態系サービスと人間の福利の関係（環境省『平成19年版環境循環型社会白書』）

5-1-2　持続可能な生態系サービスを取り入れる

　国際連合（国連）は「国連によるミレニアム生態系評価」の報告書において、生態系から人類が得る恵みを4つの生態系サービスで分類し、このサービスの変化が人間の福利に与える影響を評価している（図5-2）。

　4つのサービス（生態系サービス）は次のようになる。

①食糧、水、繊維のような供給サービス

②気候、洪水、疾病、廃棄物、水質に影響する調整サービス

③レクリエーションや審美的、精神的な恩恵を与える文化的サービス

④土壌形成、栄養塩循環、光合成などの基盤サービス

　気候変動や人口増加により環境問題を提議し、生態系サービスの劣化を評価するものだが、水、食糧、生態系システムの安定といった生態系サービスは里山にも利用されてきた。そして、最も身近といえる住まいの緑においても生態系は機能している。エクステリアにおいてもこの生態系サービスは利用可能であり、エクステリアの生産物を利用し、循環させ、生態系システムと環境を維持させることは可能といえる。樹木を植えて遮熱、防風、防音などの効果を得ながら緑豊かに暮らすこと、花や野菜を育て、収穫するといった生産活動も生態系サービスの享受といえる。

　また、里山での生態系と同様に、住まい手や植物に害を与える虫をエサとする「益虫」が住み着く環境をエクステリアでも整備することで、薬剤をできるだけ使用せずに生態系バランスを保ちながら快適に暮らすことができる。エクステリアにおける循環とは、枝葉や草、家庭の生ごみなどの発生材をリサイクルすることや雨水を利用することである。生態系サイクルが生み出す豊かな自然環境を理解し、エクステリア植栽の維持管理に応用する自然管理方法は、持続可能な住まいの環境整備を可能とする。

5-2　庭づくりに取り入れたい自然管理方法

　里山の生態系システムを住まいのエクステリアに取り入れる時に、まず参考になるのは、自然を味方に農業を行う野菜づくり（有機農法）である。

　有機農法では基本的に農薬や化学肥料を使用しない。ワラ、草、落ち葉のような自然材料（作物残渣^{ざん}）を堆肥化して土に混ぜ、土壌環境を改善して作られた野菜は、味が濃く、栄養価が高くなることが知られている。有機農法では地上部の雑草は刈るが、除草はしない。無駄に土を耕さない（不耕起）ことにより地力を高める手法を行うことも多い。不耕起を継続すると、地表に有機物が増えて土壌微生物やミミズ、昆虫類などの住処ができる。多種多様な生物が住む環境では、土壌は団粒化して良質な土となる。植物が健全に育ち、人や自然に優しい農法や方法を取り入れることは、植栽管理においても効力を発揮する。

　ここでは、そうした有機農法の事例とエクステリア植栽の自然管理方法への応用を示す。

5-2-1　自然素材で肥料をつくる

A　緑肥作物の利用

　緑肥作物とは、収穫を目的とせずに堆肥や肥料の材料を得るために栽培する作物のことをいう。代表的なものとして、ライ麦やエンバク、クローバーなどがあり、飼料や牧草としても使われる。

　栽培は容易で、播種後は放任してよい。一般的に、開花後は結実させずに耕す。緑肥は土壌微生物、腐植を増やし、土壌改良土、土の団粒化が促進されて排水も改善される。特にイネ科植物は、過剰となった土中の窒素を吸収する効果や、連作障害の原因となる線虫^{せんちゅう}の忌避が期待できる。

　マメ科植物は、根粒菌（バクテリア）との共生により空気中の窒素を根に貯めることができる（窒素固定）。キク科の植物も線虫忌避に効果があるとされている

〈エクステリアの植栽管理への応用〉

　エクステリアでは緑肥効果と観賞を兼ねた植物が適している。ただし、マメ科植物は繁殖力が非常に強いため、植栽面積を制限して管理可能な範囲で育てるようにする。その植物の例を次に示す。

- ●マメ科……クリムソンクローバー（写5-2）、ヘアリーベッチ、レンゲなど
- ●キク科……マリーゴールド、ヒマワリ（写5-3）など

写5-2　クリムソンクローバー

写5-3　ヒマワリ

B　堆肥づくり

　堆肥は硬い土ややせた土を改良させて、土を肥沃にする。主に土の保水性、保肥性を向上させるが、土壌微生物も増やすので土がフカフカになる。やせた土が生き返れば、根の生育が促進される。

　有機農法では作付け前や、冬季の土づくりに堆肥を使用する。堆肥はワラ、刈り草、落ち葉など身近に集めることができる有機質自然材料（作物残渣）で作る。また、家畜の排泄物も材料となる。これら

に米ぬかや油かす、鶏ふんなどの窒素分の多い材料を重ね、水で湿らせて踏み固め、山状にした後はシートを被せて雨水が入らないようにする。途中、かき混ぜながら発酵させ、半年から1年で堆肥となる。良質な完熟堆肥は臭いがしない。

〈エクステリアの植栽管理への応用〉

　野菜、果物などの生ごみ、茶がらなどの家庭の生ごみに刈り草やワラを重ねて堆肥をつくる。窒素分を多く含む米ぬか、油かす、鶏ふんなどを混ぜれば、発酵促進や微生物活性化に効果がある。

C　ぼかし肥づくり

　数種の有機質材料に、微生物や菌類と水を投入して混ぜた後、40日程度発酵させて作る肥料をぼかし肥という。アミノ酸が豊富なために根が強くなり、アミノ酸を吸収することで植物の生育をよくする。また、不良な環境に対する抵抗性を高める効果も期待できる。やせた土や植物の生育が悪い土にすき込むと土壌微生物も増殖する。カニ殻や魚粉、海草など海のものを混ぜるなど、用途により様々な資材を投入することもある。

〈エクステリアの植栽管理への応用〉

　家庭用の小さな容器でもぼかし肥を作ることができる。市販の容器には蓋があるので雨が入らず、密封できる仕組みとなっている。容器の下部には栄養分豊富な液体がたまるので、薄めて液肥にするとよい。有機質材料と微生物資材は入手可能なものでよいが、微生物資材としては発酵を促進させる菌類や米ぬかがよい。発酵の際には発熱によってアンモニア臭がするので、注意が必要となる

5-2-2　発生材を利用する

A　草マルチ

　草マルチとは、刈り草で地表面を覆うことで雑草を生えにくくする方法。草を刈るたびに重ねてマルチングをすることで、草が生えにくくなっていく。刈り草を重ねて堆積させると、腐植して土壌微生物の住処となる。腐植がエサになって土壌中の生物が増殖すると、土も活性化して良質となる。

　また、抜かずに残った草の根が周囲に強く伸びると、土が砕かれて団粒化し、土中の酸素や水分を保持することができる。ほかにも地表面の乾燥を防いだり、温度の急上昇や低下に対しても地温を安定させる効果がある。

〈エクステリアの植栽管理への応用〉

　種ができる前に草を刈り、適度な大きさに切ってマルチングに使用する。刈り草を重ねることで雑草を防ぐだけでなく、表土の保護も期待できる。ただし、病気が発生した箇所では、悪い菌が増えるので注意が必要。忌避効果のあるハーブの刈り草は害虫予防にも役立つ。

　また、グランドカバープランツを植えることも効果的である。雑草を抑えるためには、繁殖力があり、丈夫な種類を選ぶ。草丈が低いものであれば、周りの植栽への美観的な影響も少ない（写5-4、5）。

写5-4　クリーピングタイム

写5-5　リュウノヒゲ

B　剪定枝の利用

　剪定枝は、細かくチップ状に裁断して乾燥させるとマルチングに使用できる。枝は硬いので、専用のウッドチッパーで細かく粉砕する。チップは厚く敷き均すことで、雑草抑制効果が期待できる。また、長期間置いて完熟したものは、堆肥にもなる。

　里山では冬季の燃料として剪定枝や間伐材を裁断し、乾燥させて薪に利用していた。

〈エクステリアの植栽管理への応用〉

　柔らかい枝葉は裁断し、乾燥させてマルチングに使用する。家庭用ウッドチッパーがある場合は粉砕し、マルチングに使用して雑草を防ぐ。また、剪定枝は草花の支柱にすることもできる。枝の自然な形は植物に馴染みやすい。結束する場合は麻ひもを使う。その他、枝を束ねて花壇の縁を作ったり、組み合わせて柵を作ることもできる（写5-6、7）。

写5-6　剪定枝を利用した支柱

写5-7　剪定枝で作った柵

5-2-3　家庭の生ごみをリサイクルする

　家庭の生ごみを使用して堆肥を作ることができる。コンポストとは堆肥を意味し、コンポスターは堆肥を作る容器のことをいう。コンポストの材料は刈り草、落ち葉、畑や庭から出る作物残渣（枝葉、花がら、根など）だが、家庭では主に生ごみで作ることが多い。コンポストを作ることで、家庭の生ごみのほとんどは堆肥材料として使用できるため、ごみを捨てる量を大幅に減らすことができる。

　使用する生ごみはやや乾燥気味の方がよい。野菜、果実はもともと多くの水分を含んでいるため、水気が多い場合には腐敗することもある（表5-1）。

　コンポストは容器内で作る。専用容器はホームセンターなどで購入でき、戸外に置く大型タイプ、ベランダでも使用できる小型のタイプやバケツ型がある。置き場所は、過度な乾燥を防ぐため半日陰が最もよいとされる。コンポスターからは水分が出るため、排水のよい場所に設置する。蓋をして雨水が入らないように注意する（表5-2）。

　コンポスター内には、生ごみや有機物に乾いた土をまぶし、交互に重ねていく。容器内がいっぱいになったら切り返してかき混ぜた後、2〜3カ月養生して完熟させる。良質のコンポストを作るには、土壌微生物の力を借りて発酵させるとよい。微生物のエサとなる米ぬかを混ぜると、より活性化しやすい。

　より良質なコンポストを作るために、ミミズを投入する場合もある。ミミズは生ごみ、枯れ葉などの有機物を食べてふんを出すが、ふんには様々なアミノ酸やビタミン、カルシウムが含まれ、植物の生育を促進する。

　生ごみを堆肥化して利用することは、ごみを減らしてリサイクルを促す循環型社会の一環ともいえる。環境省の調査では、家庭の生ごみは年間約1,000万tもの量が排出されている。家庭での堆肥化などの

表5-1　コンポストの材料

適するものもの	適さないもの
野菜、果物などの生ごみ、茶がら、コーヒーかす、刈り草、落ち葉、花壇や畑の植物（花がら、葉）	肉、魚、乳製品、ミカンの皮、腐敗した生ごみ、たばこ、ペットや人の排泄物、プラスチック、紙、塗料、建材、化学薬品、種、油類、調味料類、病気の植物

表5-2　コンポスターの種類と使用方法

コンポスターの種類	使用方法
プランターコンポスター	プラスチックなどのプランターを購入して容器とする。土を入れたプランターに生ごみを投入し、さらに上から乾いた土を入れて発酵させる。1週間に一度かき混ぜて放置し、熟成させる。庭やベランダで簡単にコンポストができる。臭いが発生するため、蓋をするかビニールで覆う。
段ボールコンポスター	段ボールをコンポストの容器とする。軽く、手軽であるが、紙のために雨にあたると弱く崩れるので、長期間の使用には向かない。雨があたらないように、置き場所に注意する。
木製コンポスター	木箱をコンポストの容器とする。段ボールより耐久性があり、置き場所に合わせて制作することもできる。容器内で切り返し（かき混ぜ）て完熟させる。
土中式コンポスター（写5-8、図5-3）	底に穴の開いた容器を一部土中に埋めこんで設置する。最も一般的な容器で、簡単に購入できる。容器内に生ごみ、乾いた土または腐葉土を交互に重ね入れて堆肥化させる。台所から近く、半日陰に設置すると便利である。ミミズを投入することもある。 容器がいっぱいになったらコンポスターを外し、雨水が入らないようにビニールシートをかけて完熟するまで放置する。
ビニール袋コンポスター	落ち葉と腐葉土、乾いた土を交互に重ね、圧縮しながらビニール袋に詰め込んで放置する。袋は閉じて底の方に排水穴をあけ、雨水がたまらないようにして完熟させる。設置場所は庭が向いている。

写5-8　土中式コンポスター

図5-3　土中式コンポスターの重ね方

自家処理実施率は2％程度でしかない。現在は多くの市町村で「家庭の生ごみコンポスト化」が推進されており、市販の家庭用生ごみ処理機の購入に対して、自治体の補助が行われる場合もある。

5-2-4　雨水を利用する

　雨水の利用は灌水の節水に有効だ。通常、水やりは井戸水、水道水を利用してホースや自動灌水で行うが、植栽や鉢数が多いと灌水の頻度は高くなり、特に夏は大量の水を使用する。雨水タンクにより効率的に雨水を貯めて利用することで、水道水の使用を抑えて環境にも配慮した水の有効利用ができる。雨水は飲料水には適さないが、仮設トイレで使用できるため防災対策にもなる。また、近年は突発的な豪雨（ゲリラ豪雨）も多いが、雨水タンクによって一時的に自宅への浸水被害を軽減させることもできる。

　雨水タンクは、雨どいなどに取水口を取り付けることで雨水を貯める。タンクの容量は150ℓ以下の小型から300ℓ以上の大型のものまであるが、一般家庭であれば100ℓ程度のタンクが使用しやすく、設置場所にも困らない。タンクの容量を超えて雨水があふれないようにオーバーフロー対策で自動排出するもの、ごみを除去するフィルターが備わっているものもある。自治体によっては、雨水タンクの設置に対して「雨水利用助成金制度」などによる補助がある。

5-3　エクステリアの生態系と虫や鳥との関係

　エクステリアに植物を植えると、春から秋の比較的気温の高い時期には虫や鳥が来るが、同時に虫の被害にも悩まされることになる。生物との共存や生態系維持も緑とともに暮らすためには必要であり、自然に優しい方法で虫の発生を抑え、快適な植栽環境で暮らすにはどのような点に注意すればよいかを考えてみる。

5-3-1　害虫と呼ばれる虫の存在

　エクステリアには鳥や昆虫類、土壌微生物などの様々な生物が暮らしている。テントウムシやカマキリ、カエルやトカゲ、ミミズなどがよく知られている。生物には草食性のもの、互いをエサとする肉食性のものがいて生態系を維持している。特に生物同士の「食う、食われる」といった関係性は食物連鎖と呼ばれている。

　ほとんどの虫は人間に無害なため、問題はない。しかし、人間に害を与えたり、特定の植物を食害して弱らせたりする虫もいる。そういった害をもたらす虫を「害虫」と呼ぶことがある。しかし、ある一定の虫が大量発生する場合は、その場所の生態系のバランスが崩れていたり、植栽に問題があることが多い。

　虫からの害を抑えるために殺虫剤などの薬剤を使用すると、即効性が強いので、ほとんどの虫が早期に死滅する。しかし、人間にとって害のある虫をエサとする「益虫」も同時に死んでしまう。これにより、新たに虫が住み着く場合、一度生態系のバランスを崩しているために繁殖力のある虫が増え、種類が増えにくい。また、薬剤を使い続けることで薬に対する抵抗性が虫にできて、殺虫効果が薄れていくこともある。そうなると、どんなに薬剤を散布しても、抵抗性のある虫は増え続け、植物は食害されるという悪い連鎖が続いていく。

　人間や植物に害をもたらす虫は嫌われるが、その害虫をエサとする生物（益虫）の存在により生態系の安定が保たれていることを忘れてはいけない。また、植物は良性の菌や微生物が死ぬと免疫力を失い、軟弱となる傾向にある。虫に対して過剰に反応し、やみくもに薬剤の使用を続けることは、植物も育ちにくい環境にしてしまいかねない。

　植栽における対策としては、特定の虫が好む植物を多く植えないようにしたい。例えば、ツバキには人にかゆみや発熱を起こさせるチャドクガがつく。モミジやブルーベリーにはイラガがつきやすく、この虫も触ると痛みやかゆみを起こすので注意が必要だ。

　虫が発生しないための対策と、虫が発生した際の対処は、次のようになる。

①特定の虫が好む植物を植えすぎない。

②日常の植栽管理で植物を繁茂させない。

③発生した虫がどのような害をもたらすのかを確認する。

④忌避効果のある天然由来の自然に優しい薬剤を使用する。

⑤虫の発生初期に枝葉ごと剪定除去する。

　ただし、大量発生した場合は上記の対処では難しいため、殺虫剤などを検討する。

　薬剤使用による植栽管理は、生態系保護の観点からデメリットが多い。日頃の観察と、剪定管理によって対処しながら、薬剤を使わずに心地よい住まいの植栽環境を維持することが、長く緑を楽しむ秘訣ともいえる。

5-3-2　害虫と益虫

　エクステリアに生息している虫などは種類によって様々であり、生活圏やエサが違う。このうち虫をエサとして生活しているものは食物連鎖による生態系のバランスを保つのに重要な役割を担っている。

植物を食害する虫を食べる虫を「益虫」とも呼ぶが、益虫が住む環境下の植物は大きな食害も少なく、生育も安定している。

　表5-3は、植物への食害と人への害で分類した虫などの例である。花や葉を食害する代表的なものにアブラムシ、コガネムシ、ヨトウムシなどがあるが、益虫であるテントウムシはアブラムシを、カマキリやクモ、ハチは多くの虫をエサとしている。カエル、トカゲ、ヘビも庭の虫を減らす。益虫の活躍によってエクステリアの虫の発生が減ると、食害による被害は少なくなる。

　カエルやトカゲは下草や石の下などのやや湿った場所を隠れ家とするため、ギボウシ、クリスマスローズ、ツワブキなどのやや葉の大きな下草を植えるとよい。

表5-3　植物への食害・人への害で分類した虫など

	植物を食害する（草食）	植物を食害しない（肉食、益虫を含む）
人に害を与える	チャドクガ、ドクガ類、イラガ、マツカレハ	ハチ、ムカデ、クモ、アリ、ヘビ
人に害を与えない	サンゴジュハムシ、アゲハ類、オオスカシバ、モンクロシャチホコ、ヘリグロテントウノミハムシ、チュウレンジハバチ、テッポウムシ（カミキリムシ）、アメリカシロヒトリ、アブラムシ、カイガラムシ、ヨトウムシ、アオバハゴロモ、ツマグロオオヨコバイ、ナメクジ、カメムシ、ゾウムシ、コガネムシ	アブラムシを食べる：テントウムシ、ヒラタアブ、クサカゲロウ、アブラバチ等 様々な虫を食べる：カマキリ、トンボ、カエル、トカゲ、カメムシ（肉食性）、ハチ（人に害を与えない種類）、クモ（同）、アリ（同）、ヤモリ等

5-3-3　鳥の来る庭と害虫対策

　エクステリアに樹木や草花、水辺があると鳥がやって来る。スズメやツグミ、メジロなどが枝にとまり、美しい声で鳴いたり、水辺で遊ぶ姿は愛らしい。こうした鳥たちも多くの虫を食べるので、エクステリアの植栽環境を整え、生態系のバランスを保つ一役を担ってくれる。一羽のシジュウカラは1年間に85,000匹もの虫を食べるという試算もある。

　鳥が訪れるエクステリアの条件を表5-4にまとめておく。

表5-4　鳥が訪れるエクステリアの条件

条件	方法
鳥の住処や隠れ家がある	・低木、中木、高木など複数の樹木を植える ・剪定により止まりやすい枝を残す ・建物から離れた場所に樹木を植栽する ・鳥の巣（バードハウス）を設置する
水場がある（写5-9）	・バードバスを設置する ・流れ、池など水辺を設計する
実のなる木や果樹がある	・赤い実のなる植物例……ハナミズキ、センリョウ等 ・果樹の例……ジューンベリー、ブルーベリー、ブラックベリー、ヤマモモ、カキ、キウイ、ブドウ等

写5-9　水場をつくる

5-4　薬剤を使わずに病気や害虫を防ぐ方法

　エクステリアの植栽では気温、湿度、植栽密度や植物の生育状況により虫による被害、病気が頻繁に発生する。初期段階では発生部分を切除するなどの簡易的な対処法で改善するが、発見が遅れると瞬く間に被害は拡大する。

　虫への対処には多くの薬剤が販売されているが、使用する際には正しい知識と、生態系や生活環境への配慮も必要になる。農業では近年、無農薬や減農薬が好まれるが、エクステリアでの虫の被害や病気を抑えるにはどのように対処するのがよいかを、自然管理方法の視点から考えてみる。

5-4-1　薬剤のメリットとデメリット

　ここで述べる薬剤とは、菌やカビ、ウイルスなどによる病気の予防、虫の食害による被害を防除する殺菌剤や殺虫剤をいう。

　即効性と効率的な防除において優れた効果を発揮するため、多くの場面で薬剤は使用されてきた。しかし、薬剤は効果の高い反面、植物の免疫力を落としてしまう傾向がある。同時に有効な益虫や有効菌、土壌微生物も激減するため、薬剤を使用し続けることで生態系のバランスが崩れることにもつながる。このことは植物だけではなく、人や生物も少なからず影響を受ける。

　植物は有効菌の力が発揮されると菌やウイルスに対する免疫力も高まり、良質な枝葉が増えれば多少の虫による被害では衰弱しない。生態系のバランスを維持していくためには、薬剤の使用減少に努めながら植物本来の生命力を発揮させ、虫による被害を取り除いていくことが重要になる。

5-4-2　薬剤を減らす工夫

　薬剤を減らすためには、植物本来の生命力が発揮されるように日頃から庭を観察して、適切な剪定を行い、自然素材の肥料や活力剤を使用して維持管理を行う。さらに、天然成分による薬剤代用品を利用して病気の予防および害虫の忌避を行えば、病気などが発生した場合でも、持続的に生態系や人に優しい庭づくりを実践することが可能となる。

〈木酢液や竹酢液の利用〉

　木酢液は、木材や生木を蒸して木炭をつくるときに出るエキスのことをいう。防腐効果が高く、農業においては根こぶ線虫の忌避効果や作物の生育促進などの用途で、昔から使われてきた。現在は、ホームセンターや通信販売などで入手可能となり、家庭菜園やエクステリアの植栽でも広く使用されている。木酢液は希釈して葉面への散布や、土に灌注して使用する。

　木酢液には次のような効果がある。

- 病気を予防し、薬剤使用を減らすことができる。
- 根からのミネラル吸収がよくなる。葉が茂り生育がよくなる（生育促進）。
- 土壌微生物が活性化する。土の団粒化が促進され、土質が改善される。

　竹を炭にする際に出る同様の液は竹酢液という。効果は木酢液と同様だが、竹由来のものは蟻酸（カルボン酸）が多いので、木酢液よりも殺菌効果が期待できる。

5-4-3　自宅で作れる自然素材の薬剤づくり

　表5-5、6は自然素材を材料とした薬剤である。即効性はないが、虫害や病気の初期段階での防除効果が期待できる。植物や食品などから家庭でも作れるため、実践しやすいだろう。

5-5　薬剤を使わない除草管理

　四季があり、適度な降雨により水の豊かな日本において、雑草はエクステリアの植栽を荒らす最大の敵と言ってもいい。地面の見えるところ、つまり裸地が緑で覆われない時はあるのかと心配（苦痛）になるほど雑草の繁殖力は強く、冬季のわずかな時期に勢力が衰えたかと思えば、桜も開花し始める頃には雑草だらけになってしまう。抜いても抜いてもキリがない嫌われ者だが、植栽の維持管理ではいかにして雑草に対処し、付き合うかが大きな課題となる。

5-5-1　雑草とは

　雑草とはなにか。エクステリアの植栽環境においては一般に、自ら植えていないが自然に繁殖したもの、かつ美観を崩すものであり、数年にわたり繁茂して周囲の植栽を弱らせる草類を通称して「雑草」

表5-5　害虫・病気に効く薬剤づくり（植物編）

材料	効果	使用方法・製法等
トウガラシ	殺虫、殺菌、虫忌避	・乾燥トウガラシをアルコールで抽出、希釈して散布する ・毒性が低く、使用しやすい
クスノキ	殺虫、虫忌避	・葉を刻み、水蒸気蒸留によりショウノウを抽出、希釈して散布する ・アブラムシ、ダニ、アオムシなどを殺虫
アセビ	殺虫	・花、枝葉を乾燥させて煮出し、希釈して散布する ・生葉を酢で抽出して薬液を作ることもできる
ドクダミ	虫忌避、抗菌	・開花期に生葉を煮出し、希釈して散布する ・葉をマルチングに使用して、虫の忌避効果を高める
スギナ	殺菌	・新葉を煮出して、希釈して散布する ・ウドンコ病、ベト病などの病気に有効
マツ、スギ	殺虫	・新芽をアルコール抽出し、希釈して散布する ・マツの油分により、アブラムシなどの害虫を窒息させる
ビワ	病気予防	・生葉をアルコールで抽出し、希釈して散布する ・軟腐病の予防が期待できる
柑橘類	抗菌	・ミカン類の皮を酢で抽出し、希釈して散布する ・活力剤としても使用できる
ナンテン	殺菌、抗菌	・実、葉を煮出して、希釈して散布する ・活力剤としても使用できる
スイセン	抗菌	・全草をアルコールで抽出し、希釈して散布する
タイム	虫忌避	・葉を煮出して、希釈して散布する
ローズマリー	殺菌、虫忌避	・葉を煮出して、希釈して散布する
ニンニク	殺菌、虫忌避	・実を酢で抽出し、希釈して散布する ・ウドンコ病、ベト病などの病気に有効
アサガオ	殺虫、虫忌避	・種子を乾燥してから煮出して、希釈して散布する
ユキノシタ	殺虫、抗菌	・全草を煮出して、希釈して散布する

表5-6　害虫・病気に効く薬剤づくり（食品編）

材料	効果	使用方法・製法等
食酢	病気予防、殺虫	・200 〜 500 倍に希釈して散布する ・殺ダニ、うどん粉病に有効
重曹	病気予防、殺菌	・500 〜 800 倍に希釈して散布する ・うどん粉病に有効
コーヒー	殺虫	・コーヒー液を散布（インスタントでもよい） ・殺ダニ効果、コーヒーかすは植物の根元にまくとヨトウムシを忌避する
牛乳	殺虫	・原液を散布（使いやすい程度に希釈してもよい） ・アブラムシを窒息させて殺虫

と呼んでいる。人間の社会生活や作物の生育を阻害する草類全般も「雑草」と呼ばれる。つまり、「雑草」と固有名のついた植物は存在しないが、「雑草」という分類はある。

　さらに、近年は外来種の雑草（外来雑草）による農業への被害も社会問題になっている。エクステリアにおいても、愛らしい花を咲かせるものは放置しがちであるが、風景が変わるほどの驚異的な繁殖力があり、自然界の生態系のバランスが壊される懸念がある。

　その一例がナガミヒナゲシだ。国立環境研究所による侵入生物データベースにも登録されている。もともとは観賞用として導入されたが、繁殖力が強く、畑作物が多大な影響を受けている。加えて、在来植物の生存危機も懸念されている。春にポピーに似たオレンジの花が咲くために駆除されないことが多いが、花がきれいだからといって放置すると、繁茂して駆除が難しくなる。

5-5-2　雑草の種類

　土の栄養状態により、生える草類は異なる。やせている土ほど大型で旺盛な草が多く生え、肥沃になるほど小型で軟らかい草が生えてくる。表5-7は、土の肥沃度と雑草の種類の例を示したものである。堆肥や土壌改良資材を投入して土の状態が改善されると雑草も多く生えるが、その草を堆肥や草マルチに有効活用するとよいだろう。

表5-7　土の肥沃度と雑草

土の肥沃度	種類	特徴
低い ↕ 高い	ススキ、クズ、チガヤ、セイタカアワダチソウ等	↑ 生育が旺盛で大型。根が強く駆除しにくい 刈り草は腐熟に時間がかかる
	スギナ、クローバー、ギシギシ、スイバ等	
	アカザ、シロザ、カラスノエンドウ、スベリヒユ、ツユクサ等	
	ハコベ、ナズナ、オオイヌノフグリ、ホトケノザ、ヒメオドリコソウ等	小型。葉が軟らかく、抜きやすい ↓ 刈り草は腐熟しやすい

5-5-3　雑草の生える環境と生育サイクル

　雑草を管理する上で大切なのは、どのような環境でよく育ち、繁殖するかを理解することである。日本では梅雨の6月〜7月、秋雨の9月に草類の生育が激しい。また、菜種梅雨と呼ばれる3月〜4月の春の長雨は、冬季に地中で休眠していた種の発芽を促す。雨は農作物や植物の生育に欠かせないが、同時に雑草類もよく生育するため、除草頻度も高くなる。

5-5-4　雑草類への対処

　雑草類には種により一年草（一年生雑草）と、越年する多年草（多年生雑草）がある。一年生雑草は発芽から結実までが一年以内と生育期間は短いが、多くの種子を作り、種子は周囲に飛び散ったり、風で飛んで広がる。地面に落ちた種子は土の中で待機して、次の発芽時期を待つ。種子は極度の乾燥、発芽に適さない気温が続くと、2年で約50％が死滅するが、中には数十年も地中で生きるものもある。

　これに対して多年生雑草は、地中深く根を下ろして大株となり、常緑、あるいは落葉（宿根）して越年し、数年は生育しつづけて繁茂する。開花後に結実してさらに繁殖するものもある。大型となって周囲の植物を衰弱、枯死させることもあるため、庭づくりにおいては厄介な雑草といえる。また、大きくなった雑草は根が深くなるため、除草作業も困難となる。

　一年生雑草、多年生雑草はどちらも対処に困るが、共通することは敷地内、エクステリアに侵入させない、生えたままで放置しないことが重要だ。一年生雑草は種を作らせないことが雑草を減らすことにつながる。種ができる前に除草し、抜き取った雑草はすぐに乾燥させて（晴れた日に除草するとよい）、再び生育しないように注意する。また、隣地の雑草が種を飛ばすため、空き地などの草が旺盛な場合は注意が必要だ。草刈りができない場合は、生垣やフェンスで防ぐことを検討する。

5-5-5　季節ごとの除草

　地域や気候により雑草類の生育は違うが、ここでは年間の除草の考え方を示しておく。

A　冬季〜早春

　雑草防除に最も適した時期といえる。この時期は非常に草が少ないので、雑草を根ごと抜き取る。春の長雨（菜種梅雨）で一斉に草の種が発芽しても、それ以前の雑草が一掃されていれば、作業がしやすく無駄な労力が少なくて済む。

B　春〜初夏

　雑草の生育が最も活発となる時期にあたる。成長も著しく、放置すると旺盛に繁茂してしまうので、

植栽地の雑草は定期的に除草する。また、植栽植物をいち早く成長させて雑草を抑えることも有効である。特に低木類、葉の大きく広がる大型の宿根草、地面を覆う地被類（グランドカバープランツ）を植栽して、できるだけ裸地を作らないことで雑草を増やさない方法がある。日当たりがよく、風通しもよい裸地は雑草も繁茂するので、そこに植えた植物の成長を促して大きくすることも雑草対策になる。

C　盛夏

除草は、草の根が強く張って抜きにくくなる夏前までに終えておく。除草後は草マルチなどを行い、表土の乾燥を防いで保護するとよい。夏季は裸地にすると、直射日光にさらされて一気に土が乾くので、植物が枯れる原因にもなる。

また、植物が雑草によって埋もれ、株元の日照不足、蒸れにより衰弱しているような状態では、急な除草を行うと直射日光による葉焼けと乾燥を起こし、より衰弱が進んでしまうことがある。このような場合は、雑草の根は抜かずに刈り取るとよい。地上部の雑草をわずかに残して刈り取ることで裸地をつくらず、土の乾燥を防ぐ。植栽植物の株元は光と風通しが確保されるため生育しやすい環境で夏越しができる。根を抜かないため雑草防除の根本的解決とはならないが、土の乾燥を防止し、種もできないので現状を維持できる。

刈り取った雑草は、種がなければ細かく切って地面に撒き、草マルチにするとよい。土の乾燥と新たな雑草の生育を抑制する。

D　秋〜初冬

長雨と気温低下により雑草の繁殖力が強くなる。秋に開花する雑草は大量の種子をつけるので、種子が広範囲に飛ぶため、結実する前に除草を行う。夏に草刈りを行い、根が残ったままの雑草類も、この時期に根ごと抜き取って敷地内の雑草を減らすとよい。

5-5-6　薬剤を使わない除草

雑草類は一度敷地に侵入すると繁茂して駆除が厄介なため、侵入を許さないことが最も有効といえる。そのためには定期的な除草による駆除が必要だが、植栽への影響を考えた場合、除草剤の使用はできるだけ控えたい。除草剤が植栽した植物の葉にかかると根まで枯らしてしまう。さらに、土壌内生物など環境への負荷も懸念される。

そこで、前述した害虫・病気対策と同様に、人に無害で環境への影響が少なく、継続的使用が可能な除草剤に代わる雑草対策を表5-8にまとめた。

表5-8　除草剤に代わる環境に優しい雑草対策

材料	効果・散布方法	注意点
食酢	・酢の酢酸成分により雑草を枯らす。2〜3倍に薄め、直接散布する ・ジョウロで使用することもできる ・遅効性だが、安全性が高くペットや子供にも安心 ・クエン酸でも同様の効果が期待できる	・金属、鉄をサビさせるため、使用には注意が必要 ・サビ防止のため、噴霧器の洗浄は念入りに行うこと
重曹	・雑草内に取り込まれ、細胞が壊死することで枯死する ・5〜10%に希釈し、直接散布する ・ジョウロで使用することもできる。 ・草刈り後の散布は、傷から雑草によく浸透するため効果が高い ・安全性が高くペットや子供にも安心	・水に溶けにくいため、スプレーや噴霧器での使用は詰まりやすい ・風の強い日の散布は避ける（目に入り危険）
熱湯	・沸騰させた熱湯をかけて枯死させる ・湯を沸かすだけなので、手間がかからない	・広範囲の使用は困難 ・やけどのリスクがある

第6章 | 小さなスペースで楽しむ植栽と維持管理方法

屋上・ベランダ・バルコニーで緑を楽しむ
室内で緑を楽しむ
壁面で緑を楽しむ

6-1　屋上・ベランダ・バルコニーで緑を楽しむ

　都市部などの住宅地に十分な植栽スペースを確保するのは容易なことではないが、工夫次第で生活の中に緑を取り入れ、維持管理していくことは十分可能である。その代表的な方法として、ベランダやバルコニー、屋上のように土のない所でのコンテナ栽培がある。鉢（ポット）やプランターなどの容器に土を入れて植物を植えつけるコンテナ栽培は、実践している人も多い。

　ベランダやバルコニー、屋上などで緑を楽しむ場合の基本的な注意事項は、床の耐力を超える重量や防水性などに影響するものを設置してはならないことである。広い範囲で屋上緑化する場合には耐荷重、耐風圧、耐水性などに対する安全性の確認が必要である。一般の住宅では屋上緑化などのために建物の構造耐力をチェックすることはほとんどないが、重量の大きな鉢、風圧の影響を大きく受ける高木、床の防水を傷つけるような鉢の設置を避けることなどへの注意は必要である。

6-1-1　屋上・ベランダ・バルコニーの植栽で使用される容器

A　コンテナ

　土を入れて植物を育てる容器の総称をコンテナといい、一般に大型のものをプランター、小さな形状のものを鉢（ポット）と呼んでいる。ベランダやバルコニーなどではコンテナ栽培がよく行われる。大きなプランターを一つ置くスペースがあれば、それが小さな花壇の役割を果たしてくれる。また、小さな鉢を並べるなどのちょっとした工夫で、手狭な住環境に緑の空間をつくり出し、心地よい印象の景観にすることが可能になる。

①維持管理上の注意点

　コンテナに植えつけられた植物などは時が経つと、植物の根が鉢に詰まってくるので、大きいサイズのコンテナへの植え替えが必要になる。また、コンテナでは年数が経つと容器の中の土が硬化し、水はけや通気が悪くなるので、コンテナの底まで土を掘り起こし、新しい用土を加えて土の活性化を図る必要がある。灌水は土の状態をよく見て行い、土の表面が乾いたら鉢底から水が出るまで与える。

②サイズと素材

　植木鉢やプランターの大きさや素材、デザインなどは多種多様である。それぞれ特徴があるので、植える植物の密度や大きさ、設置場所に適した鉢を選ぶようにする。サイズと素材を表6-1〜3、写6-1に示す。

表6-1　植木鉢（丸型）のサイズ

サイズ	鉢の直径（外寸）
1号	3cm
2号	6cm
3号	9cm
4号	12cm
5号	15cm
6号	18cm
7号	21cm
8号	24cm
9号	27cm
10号	30cm

以前は「号」ではなく「寸」という呼称が使われていた。1寸は約3cmであることから、現在は1号を3cmとして鉢のサイズを決めている。10号は10寸＝1尺であることから、現在でも10号のことを尺鉢と呼ぶことがある。なお、鉢のサイズには高さは含まれておらず、直径の寸法のみで決められている

表6-2　長方形のプランターのサイズ
（長辺の長さにより型数が決められている）

型数	長辺
30型	30cm
40型	40cm
50型	50cm
60型	60cm

その他正方形・楕円形・変形デザインなど様々な形のプランターが出回っているが、これらのサイズの呼称は統一されていない

写6-1　テラコッタ（素焼き）の7〜10号の鉢

表6-3　鉢の素材

素材	メリット	デメリット
素焼き （テラコッタ） 土を高温で焼いて 作られた陶器鉢	● 排水性がよい ● 鉢内の温度が上がりすぎない ● 通気性がよい ● 過湿を防止してくれる	● プラスチック製に比べると重い ● 割れやすい ● 高温多湿が続くとカビが生えたり雑菌が入る 　 こともある
プラスチック	● 軽量で持ち運びが簡単 ● 色やデザインが豊富 ● 保水性がよい ● 割れにくい	● 通気性が素焼き鉢より悪いため、過湿に注意 　 する ● 高温時は熱で根が傷みやすい ● 劣化がやや速い
陶器（塗鉢） 釉薬のかかった 化粧鉢	● 色やデザインが豊富で高級感がある ● 保水性がよい	● 重い ● 割れやすい
木製	● 通気性がよい ● 植物との見た目の相性がよい ● 断熱性があり、高温時でも土が熱くなりにくい	● 重量は比較的重い ● 水を吸収するので腐食しやすく、劣化が速い
金属（鋼板）	● 軽量で扱いやすい ● デザイン性がある	● 熱を吸収しやすい ● 通気性に欠ける ● 経年で錆びたり、腐食する
FRP プラスチックにグラ スファイバーを混ぜ た強化鉢	● プラスチック製より耐衝撃性に優れる ● 大型でも重量に耐え、歪みにも強い	● 通気・排水性はよくない ● プラスチック製に比べると高価
セメント	● 重量感があり、高級感がある ● 耐久性がある	● 重いので移動が難しい ● 衝撃に弱いこともある

　丸型の植木鉢の場合、5号までは土の量が約1ℓで草花1株程度、6～8号だと土の量は約2～5ℓとなり小さめの樹木にも対応できる。9号以上は土の量が約7ℓ以上となるので、寄せ植えや樹木にも適している。最初は苗（購入したポットなどのサイズ）に対して1～2号大きなサイズに植え、成長にあわせて何度か植え替えるようにする。

B　ハンギングバスケット

　床に置くコンテナ以外で壁面や空間を植栽で飾る方法として、ハンギングバスケットがある。草花などを植えた容器を吊るしたり、壁に掛けて設置するため、上部の空間を彩ったり、壁面を彩ることができる。床にコンテナを置くスペースがない場合でも草花などを楽しむことができる植栽方法といえる。

〈ハンギングバスケットで使われる容器の種類〉

　プラスチックや素焼き、木製などの素材でできた容器（バスケット）には、半球や四分の一球、方形などがある。ワイヤーで作ったバスケットは、円形や半円形、方形などの籠に、水苔やヤシの実の繊維などを敷いて培養土を入れ、草花を植え付けるものである。バスケットの隙間から草花を植え込むことができ、立体的な植栽に仕上げることができる。

①壁掛け型

　壁掛け型のハンギングバスケットでは、壁に沿うような形の半球あるいは四分の一球、方形などがよく使用される。バスケットの側面にスリットのあるものは草花の植え付けがしやすいので、花苗を多く植え込んだ見ごたえのあるハンギングバスケットに仕上げられる（写6-2）。

②吊り鉢型

　バスケットの縁に3～4カ所フックを付け、ワイヤーやチェーンをかけて吊るすタイプで、半球型が主流である。土と草花を合わせると重量が増すので、一般にはバスケットの直径は30cm程度までが扱いやすく、安全である（写6-3）。

写6-2　ハンギングバスケット壁掛け型

写6-3　ハンギングバスケット吊り鉢型

6-1-2　屋上で楽しむ緑

　屋上の利用が想定された建物であれば、集合住宅・戸建住宅ともに植栽面積や日照を確保できるという利点があり、楽しみ方や維持管理方法、コスト面により様々な植栽方法を選択することも可能である。近年では植物別に多様な屋上緑化ユニットも開発されているが、戸建住宅の屋上では部分的にコンテナ（植栽枡）を並べて楽しむ方法が一般的といえるだろう。日中はほぼ日が差している屋上は、強い日差しが苦手な植物には不向きとなる。屋上に適した植物例を表6-4に示す。樹木の場合は、苗木からコンテナで育てることで成長も抑えられる。

　なお、新たに屋上緑化をする場合は、自治体から助成金が出ることもある。

表6-4　屋上に適した植物例（植栽枡）

	常緑	落葉
中木	オリーブ、コニファー類、フェイジョア	サルスベリ、ヒメコブシ、ムクゲ、モミジ
灌木	アベリア、エリカ、ツツジ、プリペットシルバー、ローズマリー	コデマリ、シモツケ、ヒュウガミズキ、ヤマブキ、ユキヤナギ
宿根草	アガパンサス、オステオスペルマム、ガウラ、ガザニア、宿根ネメシア、シロタエギク、セージ（サルビア）類、ゼラニュウム、ニューサイラン、フランネルソウ、ラベンダー、ヤブラン、ユリオプスデージー	エキナセア、オミナエシ、サンジャクバーベナ、ノコンギク、ノコギリソウ、フロックス（オイランソウ）、ヒルザキツキミソウ、ヘリアンサス・ゴールデンピラミッド、モナルダ、ルドベキア類
地被類	キリンソウ、クリーピングタイム、ツルニチニチソウ、メキシコマンネングサ	ヒメツルソバ（半常緑）
一年草	アルテルナンテラ、オルラヤグランディフローラ、クレオメ、ケイトウ、センニチコウ、デモルホセカ、ニチニチソウ、ハボタン、パンジー、ヒマワリ、ヒメハナビシソウ、ヤグルマギク	

〈屋上緑化の計画・管理上の注意点〉

①建物によっても異なるが、戸建住宅の屋上は概ね15〜20年の間隔で防水層の補修・改修工事が発生する場合が多い。漏水が起きた場合や補修工事などを念頭に置いて、屋上緑化計画を立てることが必要である。維持管理の費用を考えた場合、集合住宅を含む一般的な住宅では全面緑化を避け、部分的に緑化スペースを確保するほうが負担が少ないといえる。

②屋上には排水のために、排水溝や集水枡が数カ所設けられている。それらを塞いでしまう場所には物を置かないこと。さらに、土埃や枯葉や花がらなどのごみ類が排水溝や集水枡を塞がないように、掃除を小まめにする。

③屋上は、周辺の状況にもよるが、一般的に地上よりも風当たりが強くなる。また、屋上緑化の土層厚は、建物への荷重の関係から十分に確保できないことも多く、軽量土壌だと樹木によっては根が安定

しない。これらのことを考慮して樹木を選び、防風や風除支柱なども検討する。また、小さな鉢などは風に飛ばされる危険性があるので、台風などの風の強い日は屋内に収納することも必要になる。

④屋上は日照が強く、植物が乾燥しやすいため、灌水が十分でないと水切れの危険性があり、注意が必要となる。自動灌水装置を設置できれば、水切れの心配は軽減される。

6-1-3　ベランダ・バルコニーで楽しむ緑

ベランダやバルコニーは、設置場所により日照や風向きなどの条件が異なるので、それぞれの条件に合わせた植物の選択と維持管理を心がけるようにする。

植物は大小のコンテナでの栽培が基本になるが、ベランダの手摺の下半分以上は手摺壁となっていることが多く、床部分まで十分な日差しが届かないことが多い。日差しを必要とする植物は台の上に置くなどして日照を確保し、床部分には耐陰性のある植物を配置するなどの工夫をしたうえで、デザイン性に富んだ景観をつくり、室内からも楽しめるようにしたい。

〈ベランダ・バルコニーの植栽の計画・管理上の注意点〉

①集合住宅のベランダ・バルコニーは住戸の持ち主の専有部分ではなくて共用部分であるため、避難昇降口（ハッチ）や隣家とのパーティションは、非常時に使用可能な状態にしておかなければならない。ハッチの上に大型のコンテナなどを置いたり、パーティションの前に物を立てかけたり、ぶら下げることなどは厳禁である。

②ベランダ・バルコニーの手摺壁の笠木の上に鉢を並べたり、手摺壁の外側にハンギングバスケットを設置することも厳禁である。鉢への灌水が下にこぼれ落ちたり、鉢などが落下する可能性もあるので危険である。

③屋上と同様に、ベランダ・バルコニーでも防水などの定期的な改修工事が想定される。改修工事を行う場合は、ベランダ・バルコニーに設置したものを移動させなければならない。ベランダ・バルコニーには荷重制限もあるので、コンテナ類は軽量で移動可能なものを選ぶようにする。

④屋上と同様に、ベランダ・バルコニーでも排水には気を付けなければならない。排水溝や排水口が土や植物の枝葉・花がら、ゴミなどで詰まらないように日常的な注意と掃除が必要になる。

⑤小型のコンテナでは、定期的な植え替えが必要になる。植え替え時には不要な土が発生するが、その一部は市販の改良材を混ぜて再利用することが可能である。処分しなければならない土は、各自治体により処分方法が違うので確認する。

6-1-4　屋上・ベランダ・バルコニーの緑の実例

A　屋上緑化の例

図6-1の屋上緑化は、樹脂製の植栽枡を部分的に設置し、木材で化粧カバーをしている。床面はウッドデッキ仕様とし、ベンチは作り付けにして風対策をする。屋上緑化を行うともう一つの部屋ができ、ここを団らんやドッグランとして活用することで、ガーデニングや家庭菜園の楽しみも広がる。

ベランダは広さにもよるが、大小のコンテナをバランスよく組み合わせたデザインを施すことで空間の奥行きも広がり、室内と外部との一体感が得られる効果もある。

図6-1　屋上緑化の例

B　屋上で楽しめる大型コンテナの植栽例

　屋上は、乾燥や日照に耐える植物を選ぶようにする。図6-2の植栽は、中央にニューサイランを配置し、ラベンダー、シモツケゴールド、ガザニア、宿根ネメシア、ビンカミノールを植え込んでいる。銅葉のニューサイラン、ライムグリーンのシモツケゴールド、シルバーリーフのラベンダーやガザニアなどでカラーコーディネイトし、季節ごとの花もそれぞれ楽しめるようにした。シモツケゴールド以外は常緑種なので冬も枯れることはない。

　日常の管理としては、花がら摘みや切り戻しとともに、成長に従って株分けなどを行い、コンパクトな形状を保つようにする。水切れには十分注意して灌水を怠らないようにする。

1. ニューサイラン
2. ラベンダー
3. シモツケゴールド
4. 宿根ネメシア
5. ガザニア
6. ビンカミノール

図6-2　大型コンテナの植栽例

6-2　室内で緑を楽しむ

　室内で楽しむ緑としては、観葉植物が中心となる。観葉植物とは、葉の大きさや形の面白さ、葉色や模様などを楽しむために栽培されている植物のことを指している。室内の直射日光の当たらない場所で観賞するために、耐陰性が求められ、熱帯・亜熱帯地方原生の植物（一部温帯植物を含む）で常緑性およびその園芸種を含む植物が主体になっている。インドアグリーンとも呼ばれ、生活空間に定着している。

6-2-1　室内で緑を楽しむ効果

　建築物（ハード）に植物（ソフト）を取り込むことで、生活空間に彩りや季節感が生まれ、互いを引き立て合うことにより心地よい空間をつくることができる。植物を身近におくことで、単に視覚的な効果を高めるだけでなく、人の生活環境や心身によい影響を与える効果が認められている。

A　インテリア空間との調和

　日本において、室内で緑（植物）を楽しむ文化は平安時代の貴族の趣味から発祥して、江戸時代に大名はもちろん町民にまで広がった盆栽を愛でる習慣などがあげられる。近年の住宅は、窓が大きくなったことや室内環境の向上により、植物の生育に必要な採光や温湿度が維持できるようになってきた。また、集合住宅（マンションなど）の増加、都市部では狭小敷地が増えて庭のある個人住宅が少なくなったことなどにより、観葉植物などが室内装飾として好まれるようになった。変化していく住宅事情につれて、植物を取り入れた住まいは室内に彩りを添え、自然を感じられる存在として定着している。

B　室内の緑による物理的効果

①室内の空気の浄化

　空気をきれいにしてくれる効果が期待できる植物は「エコプラント」と呼ばれ、一般に知られている観葉植物にも該当するものが多い。観賞用だけではなく室内環境の向上も期待しながら植物を選ぶとよい。一般になじみ深いエコプラントを表6-5に示す。表に記載した植物の他にもアレカヤシ（写6-4）、アグラオネマ（写6-5）、フィロデンドロン、セロームなどが挙げられる。

②温度や湿度の調節

　植物は夏季の暑い日などに葉温が高くなりそうになると、葉面の気孔から水分を蒸散させる気化熱に

表6-5　なじみ深いエコプラントとその特性（耐寒性：○＝あり、△＝やや低い　×＝低い）

主なエコプラント	日当たり	耐寒性	管理・灌水ほか	最低生育温度
ヘデラ（アイビー）	日陰でも良く育つ	○	土が乾いたらたっぷり灌水／施肥なしでも可	0℃
ゴムノキ	明るい日陰でも育つ	×	成長を望むなら日当たりの良い所／土の表面が乾燥したら灌水（冬は控えめに）／葉水する／暖かい季節には戸外へ出すとよい	5℃
スパティフィラム	日陰でも育つ 半日陰がよい	×	根づまりを避けるため、年1回根分けして植え替え必要	8～15℃
サンセベリア	日当たりの良い所 ～日陰まで	×	マイナスイオンの放出量が大きい／夏の直射を避ける／乾燥に強い／繁殖力が強い	10℃
オリヅルラン	日陰でも育つ	△	乾燥に強い／春から夏の灌水は土が乾いたらたっぷりやる、冬は乾燥気味に	10℃
ポトス	耐陰性がある 日陰でも育つ	×	春から秋は半日陰に／冬は日光を良く当てる／乾燥に強い	10℃
ネフロレピス （タマシダ）	半日陰 直射日光×	△	毎日葉水する／強健で暖地なら地植えでも繁殖する／湿気の多い環境を好む	3℃
ドラセナ	直射日光をさけ 日当たりの良い場所	×	根腐れしやすい／冬は特に乾燥気味にする／夏は水切れに注意する／葉水する	10℃
パキラ	明るい室内を好む 直射日光×	×	葉の掃除をする／土の表面が乾いたら灌水する／高温多湿を好む	5℃

写6-4　アレカヤシ

写6-5　アグラオネマ

より葉面の温度を下げる。この蒸散作用が、室内の気温上昇を抑えることにつながる。冬季は窓からの太陽光の吸収と光合成による葉面の温度上昇により、室内の温度の低下を防ぐ効果がある。葉面からの水分の蒸散・熱放出作用で室内の温度や湿度調節の一助となる。

C　室内の緑による心理的効果

　緑の植物を見ると、ストレスから解放され、気持ちが和らぎ、情緒が安定するといわれている。その効果が一般に知られているのが、樹木が発散する揮発性物質（フィトンチッド）で、樹木が病原菌や害虫などから身を守るために発散する化学物質（主成分はテンペル類）である。リフレッシュ、消臭、脱臭、抗菌、防虫など人の暮らしに有益な効用が知られている。室内に緑を置くことは、こうした植物の効果も期待できる。

6-2-2　室内緑化の維持管理のポイント

　室内の植物が生き生きとした状態を保つためには、戸外の植物と同様に光、温度、湿度、通風、剪定などの適切な維持管理や手入れが必要である。灌水や湿度の管理、日照の管理、施肥などは植物の性質や設置場所によって異なってくる。また、植物を選ぶ際にも、設置場所の環境などを考えておけば、維持管理の負担を軽くすることができる。

　室内の緑化は近年種々の方法があるが、家庭における室内緑化は鉢植えのものを床や棚に置く、あるいは壁に掛けるなどの方法が一般的である。簡単に移動のできるものであれば、日の当たる場所に移動させたり、戸外に移動すれば鉢底からあふれるほどの灌水もできる。

　観葉植物の管理の基本は、灌水、葉水（葉に直接水を吹きかけること）、日照の状態、施肥、病気や害虫の予防などだが、これらを単に習慣的に行うだけではなく、植物をよく観察することが大切である。日頃から元気な状態を記憶しておき、葉が萎れている、元気がない、変色しているなど、植物の小さな変化に気づいたら、その状況をふまえたうえで、適切な管理を行い、より健全な状態を維持するようにする。

A　適切な灌水

　灌水は雨水を得ることができない室内の植物にとって、何よりも重要な管理で、適切なタイミングと適量であることが重要である。

〈灌水のタイミング〉

一般的な観葉植物の灌水……乾燥状態を好み多湿が苦手なものを除くほとんどの観葉植物

- 夏季または成長期の観葉植物は、鉢土の表面が乾いたら十分に灌水する。
- 冬季または非成長期の観葉植物は、土の表面が乾いた後2～3日経ってから灌水する。
- 鉢土の乾燥状況を見るには、乾いた割り箸などを鉢底まで挿して確認するか、水分検知器を使用する。
- 灌水の基本は、鉢土を乾かし気味にすることがポイント（ただし、乾燥しすぎると葉を落とす種もあるので注意する）。
- 根が常に湿った状態だと根が呼吸ができなくなり、生育障害を起こす。

葉が肉厚な種類の観葉植物の灌水……高温や乾燥に強く、乾燥状態を好み多湿が苦手な種類

（多肉植物には春秋が生育期で冬に休眠する夏型タイプと、冬が生育期で春夏秋に休眠する冬型タイプがある）

- 生育期には十分な量の灌水を行い、休眠期は控えめに灌水して、徐々に断水するのが基本。
- 生育期には2～3日に1回程度行い、土が乾いたら十分な量を午前中か夕方に注ぐ。
- 生育が止まっている休眠期には徐々に断水していく。
- 葉の状態を見て、皺が出て弾力がなくなってきたら灌水する。
- 一般的に水やりは控えめにして、鉢土が乾いてから数日経った後で灌水する。

〈葉水〉

　葉に直接水を吹きかける「葉水」は、霧吹きなどを使用して行う。埃や汚れを除去し、ハダニなどの防虫効果もある。湿気を好む植物には葉水を与えるとよい。冬季は成長も遅くなり、水の吸収力も弱くなるので灌水は減らして葉水するか、または、濡れた布などで拭く。大きな葉の植物は毎日葉水を行ったほうがよい。

B　温度管理の必要性

　観葉植物は、それぞれ生育に最適な温度があり、その温度を維持することが大切である。

- 最適温度……多くの観葉植物の原産地は、熱帯・亜熱帯のため、種類によって差はあるものの、生育に最適な温度は20～25℃とされている。
- 耐寒温度……観葉植物によって、耐寒温度は異なるが、10～15℃前後が多いとされる。温度が下がると寒さにより植物が弱ったり枯れるなどの生育障害を起こすことになる。ただし、10℃以下でも越冬する観葉植物もある。

　0℃以上で越冬する観葉植物……シェフレラ・ホンコン（写6-6）、ツピタンサス（写6-7）

　5℃以上で越冬する観葉植物……パキラ、アルテシマ、モンステラ（写6-8）、ストレリチア、フランスゴムなど。

写6-6　シェフレラ・ホンコン　　　　写6-7　ツピタンサス　　　　写6-8　モンステラ

C　環境1—日照（光・明るさ）

観葉植物はそれぞれに好む明るさ（照度）がある。明るい場所を好むものから耐陰性の強いものまであるが、総じて明るい室内がよいとされる。

一般的な観葉植物の生育に必要な照度は 1,000 lx（ルクス）程度、曇天時の窓際の照度といわれている。ポトスやドラセナ類の生育に必要な最低照度は 500 lx 程度、多くの観葉植物の生育限界は 500 lx 程度である。一般的な住宅の室内は 200 〜 500 lx 程度であるので、耐陰性のある観葉植物とされていても、窓際の明るい場所に置くほうがよく、天気のよい日中、できれば午前中に直射日光はさけた明るい場所に置くのが望ましい。

〈観葉植物用照明器具〉

観葉植物の配置場所の日照が確保できない場合、観葉植物用の照明器具を利用することもできる。LED 電球などを使用して照度を確保することもできるが、光に近づけすぎると葉焼けの障害が懸念されるので注意する。

D　環境2—通風（風通し）

風通しのよい場所に観葉植物を置くことは、植物の健康維持にとっても重要である。特に夏場で室温が上がり、空気が淀む場所では、病気や害虫が発生する要因となる。空気が淀まないように扇風機やサーキュレーターなどで、室内の換気や通気が確保できる環境を準備することが望ましい。

E　環境3—配置場所

室内で観葉植物を配置する予定の環境が、植物に適しているかどうかを調べておく。室内の窓の方角や大きさ、日差しが入る位置などを確認し、植物に適した光や明るさなどが得られる場所なのか、状況をよく確認する。

〈エアコン〉

上記の日照、通風・換気以外で特に気を付けたいのが、エアコンの風である。冷風、温風ともに非常に乾燥し、常に葉に風が当たることで植物にストレスがかかる。そのままの状態で放置しておくと枯死の原因にもなる。従って、エアコンの風が当たらない場所か、あるいは、エアコンの風向きを検討しながら配置場所を調整する。

〈見える場所に配置〉

観葉植物の配置は、室内の生活動線の妨げにならず、よく見える場所にすると、植物の状態も分かりやすく、維持管理しやすい。

F　健康状態の維持——主な病気・害虫への対処法

①湿気を避け、風通しのよい場所に置く

　観葉植物を配置する室内は換気に注意し、空気が淀まない風通しのよい環境をつくることで、病気や害虫の発生を予防する。

②水をやりすぎない

　水のやりすぎで常に湿潤状態の土は、植物が弱ったり、根腐れの原因にもなる。また、害虫（アブラムシ、コバエ、トビムシ、ナメクジ、ヤスデなど）の発生にもつながる。水やりは暖かい朝または寒くなる前の夕方に行い、溜まって引かない鉢皿の水は捨てる。

③土を清潔に保つ

　鉢の上にたまった観葉植物の枯葉に害虫が卵を産んだりするので、枯葉はこまめに取り除く。

④早期発見、早期処置

　生育障害が見られる観葉植物を放置しておくと枯死の原因につながる。小さな被害や症状であっても、放置せずに対処する。害虫がついた場合は手で取るか、植鉢を屋外に持ち出して水で洗い流す。害虫による被害が酷い場合は、植物に適した害虫駆除用の薬剤を散布する。

⑤葉水を与える

　霧吹きを使って、観葉植物に水滴にならない程度の葉水を与えると、植物の蒸散作用により室内の湿度が調整され、乾燥を防ぐことができる。また、根で吸い上げられなかった水分を補填し、健やかに育つことで病気や害虫に耐える力が向上する。

⑥葉を水拭きする

　観葉植物の葉を水拭きをすると、塵や埃が取り除かれて光合成しやすくなり、植物が元気になる。害虫の排泄物を取り除くことにもなり、植物が病気になりにくくなる。

〈観葉植物で注意する害虫や病気〉 注1

● 主な病気……炭そ病、褐斑病、さび病、うどん粉病、すす病

● 主な害虫……カイガラムシ類、コナカイガラムシ、ハダニ、アブラムシ、ナメクジ、アリ、オンシツコナジラミ

注1　病気・害虫に関しては表2-3、4（p.46、47）も参照

G　剪定

　観葉植物は鉢植えのため、戸外の植物よりも根の成長が制約される。従って、戸外の植物よりも成長速度は遅くなるが、成長にあわせた維持管理は必要になる。

①剪定適期

　観葉植物の剪定は、活動期とされる春から夏頃とされている。湿気の多い梅雨は切り口から細菌やカビが発生することもあるため、できるだけ乾燥した日に行うようにする。整枝（枝を整える簡易な剪定）は冬に入る前までに行う。寒くなってからの整枝は、新芽が出にくいことがあるので注意する。

②剪定方法

　樹形を確認し、新芽が出た時の枝を想定しながら、枝や幹の中から将来の樹形に必要となる枝の成長点を残し、その真上で切るようにする。太い枝を剪定した際は、切り口から菌が入らないように癒合剤を塗布し、傷口を保護する。

③剪定後の管理

　剪定後は日当たりの良い窓辺や戸外へ植鉢を移動して養生させる（直射日光を嫌う植物は遮光などの工夫をする）。日照により、新芽の形成も早まり、植物の生育をより促進させることができる。

6-2-3　室内に適した植物

　室内に置く観葉植物は、美観に優れ、性質が剛健で、室内に入る大きさの植物が適しているといえる。同じ植物であっても個体差があるので、性質の違いごとに分けた観葉植物の例を表6-6に、一般的な観葉植物の特徴をまとめたものを表6-7にそれぞれ示す。

表6-6　室内に適した観葉植物の例

性質	植物例
明るい室内を好む	アジアンタム、ウンベラータ、エバーフレッシュ、オーガスター、コーヒーノキ、ツピダンサス、パキラ、ベンジャミン
乾燥を好む	サミオクルカス、サンセベリア、トックリラン、ドラセナ・マッサンゲアナ、ペペロミア、ユッカ
耐陰性が高い	アンスフーケリー（アンスリューム）、オリヅルラン、サンセベリア、シェフレラ、シュロチク、ドラセナ類、ペペロミア、ポトス、モンステラ、ユッカ
戸外 （植物に応じて遮光は必要）	アガベ（リュウゼツラン類）、オオタニワタリ、オリヅルラン、シェフレラ・ホンコン、ストレリチア、ツピダンサス、ユッカ

表6-7　一般的な観葉植物の特徴リスト

植物名	耐陰性	耐寒性	耐暑性	耐直射日光	灌水条件	備考
アガベ （ラン類・リュウゼツラン）	×	○	○	○	＊	戸外（日当たりの良い所）でも育つ／乾燥を好む／高温乾燥に強い
アグラオネマ	○	×	○	×	☆	樹液にかぶれるので子供やペットに不向き。多湿を好み乾燥に弱い／剪定をあまり必要としない／植物育成ライト効果あり／明るい室内を好む
アジアンタム	○	△	○	×	☆	同上／高温多湿に強い
アレカヤシ	○	×	○	×	☆	低温に弱い／剪定常時
アンスフーケリー （アンスリューム、写6-9）	○	×	○	×	☆	戸外の直射日光に弱い／高温多湿を好む
エバーフレッシュ	△	×	○	△	☆	同上／日当たりの良い窓辺／毎日葉水／大きくさせすぎない
オーガスタ	○	△	○	×	☆	耐陰性はあるが窓際等の明るい環境を好む
オリヅルラン	○	△	○	×	＊	空気清浄力を持つ
カポック（シェフレラ）	○	×	○	×	☆	戸外の直射日光に弱い／遮光必要
コウモリラン （ビカクシダ）	○	×	△	×	★	羽ばたくコウモリに似ている／高温多湿に強い
サミオクルカス	○	△	○	×	★	半日陰で管理／5℃以下は×／灌水は土が完全に乾燥してからたっぷり行う
サンセベリア（トラノオ）	○	×	○	×	＊	耐陰性高い／戸外の直射日光に弱い／乾燥に強い／空気清浄効果高い／過湿に弱い
シマオオタニワタリ	○	×	○	×	☆	半日陰で管理／高温多湿に強い／多湿を好む
シュロチク	○	△	○	×	☆	戸外の直射日光に弱い／室内可／0℃以下×／葉や枝を剪定し風通しを確保
シンゴニュウム	○	×	○	×	★	戸外の直射日光に弱い
ツピタンサス （シェフレラ・ピュックレリ）	○	×	○	×	☆	戸外（日当たりの良い所）でも育つ
ストレリチア （極楽鳥花）	×	○	○	○	★	戸外の日当たりの良い所／夏越しは水切れ葉焼に注意／室内で育てる場合は週に2～3回の日光浴を
ツデー（タマシダ）	○	×	○	×	☆	高温多湿に強い
ディフェンバキア	○	×	○	×	★	同上／皮膚に付くと炎症を起こす恐れあり／半日陰／窓辺の明るい所／成長速い
トックリラン（ノリナ）	×	×	○	△	★	乾燥に強い／灌水は室内で育てている場合は週に1～2回程度

151

植物名	耐陰性	耐寒性	耐暑性	耐直射日光	灌水条件	備考
ドラセナ・コンシネン	○	×	×	×	☆	明るい日陰か半日陰／3年をめどに植え替えを
ドラセナ・マッサンゲアナ（幸福の木）	×	×	○	×	★	耐陰性が低いので通年の室内は無理／屋外または週に2～3日は日光浴／灌水は控えめに、週に1～2回程度
パキラ	○	×	○	△	★	耐陰性高い／直射日光の入る窓辺または日光浴／葉の掃除／葉のない時期は灌水を控える
フィオデンドロン・セローム	○	×	○	×	★	戸外の直射日光に弱い／樹液による炎症に注意
フィカス・ウンベラータ（写6-10）	○	×	○	△	＊	明るい日陰／葉の掃除を2～3日ごとに／休眠期の灌水は断水気味に
フィカス　ベンガレンシス	○	△	○	×	☆	樹液でラテックスアレルギー反応あり
フィカス・ベンジャミン	○	×	○	×	＊	窓際等の明るい環境／高温多湿を好む／皮膚に付くと炎症を起こす恐れあり／休眠期は灌水を控える
ペペロミア（写6-11）	○	×	○	×	＊	多肉質／耐陰性高い／8℃を保つ／冬季は乾燥気味に
ポトス	○	×	○	×	★	半日陰で管理／高温多湿を好む／植え替えは1～2年に1度
モンステラ	○	×	○	×	☆	高温多湿に強い／低温に弱い
ユッカ	×	○	○	○	★	耐陰性弱いので通年の室内は無理／戸外の直射日光に弱い／成長がとまったら灌水は控えめに

耐陰性、耐寒性、耐暑性、耐直射日光　　○　　あり

　　　　　　　　　　　　　　　　　　△　　やや弱い（午前中に日が当たる場合は、遮光が必要）

　　　　　　　　　　　　　　　　　　×　　弱い

灌水　☆　　夏季は土の表面が乾燥したら灌水
　　　　　　冬季は土の表面が乾燥したら1～2日後に灌水

　　　★　　夏季は土の表面が乾燥したら灌水
　　　　　　冬場および休眠期は灌水控えめ、週に2～3回程度

　　　＊　　土の表面が乾いてから2～3日後に灌水
　　　　　　冬場および休眠期は灌水控えめ

耐陰性の弱いものは通年室内で育てるのは難しい。暖かい時期はできるだけ屋外で管理するか、それ以外は週2～3回は屋外で日光浴をさせる。直射日光は避け遮光をして半日陰にする。

写6-9　アンスフーケリー

写6-10　フィカス・ウンベラータ

写6-11　ペペロミア

6-3　壁面で緑を楽しむ

　敷地にゆとりがなく植栽する場所がとれない場合でも、壁面緑化であれば外壁や塀に植物を絡ませて緑に囲まれた環境にすることができる。さらに、壁面を緑で覆うことにより、外壁の温度上昇を抑える効果や紫外線による壁の劣化を防いでくれることも期待できる。ただし、緑化植物の根が外壁や屋根に入り込んでしまっては効果を期待できるところか、劣化や雨漏りの原因をつくることになる。維持管理を怠らなければ前述の効果に加えて、植物から発生する水蒸気により夏季の暑さを和らげてくれる効果や、乾燥しがちな冬季でも潤いが期待できる。さらに、騒音の抑制効果も認められている。

　壁面緑化に使用されるツタなどの植物は、樹木（高木）のように幹が太くなったり、高くなったりする心配は少ないが、繁殖力が強いので、手入れを怠れば、つるは太くなり、長く伸びて繁茂していく。壁面緑化に利用される植物の多くはつる性植物で、樹木（高木）にように自立・独立して成長するわけではなく、つるが壁に沿って上下左右に伸びるので、壁の高さ以上に繁殖することはない。従って、下地の壁を管理可能な寸法にすることで維持管理の負担を軽減することが可能になる。

　日常的な維持管理としては、伸びすぎたつるの剪定や茎の誘引、茂りすぎた葉や茎の透かしなどであり、樹木（高木）に比べると維持管理の負担は少なくてすむ。

　「高度な技術がいらない」「危険性を伴う剪定作業が少ない」という維持管理上の利点を考えると、敷地面積にゆとりのない場合は、壁面緑化の普及をもう少し推進させてもよいのではないだろうか。

6-3-1　管理を考えた緑の壁の計画ポイント

　つる性植物などを絡める基盤となる壁面には、建物の外壁と塀、外部空間の仕切り壁などがある。個人住宅（戸建）で壁面緑化を行う場合の計画上の留意点を次に示すが、緑化をする壁面の面積を限定すると、維持管理の負担を軽減できる。

- 緑化する壁面の面積や高さが、住まい手が管理可能な寸法およびデザインである。
- 明確な緑化の高さを決めて、それ以上にならないように見切り縁をつける。
- 維持管理（手入れ）の際の作業スペースを確保する。

　特に緑化の見切り縁を明確にすることは美しい外観を保つためにも必要であり、維持管理の目標としても役立つ。

　緑化壁面における緑を含めた全体の壁厚は緑化材（つる性植物）により異なるが、植物の厚さだけでも30cm近くは考えておく必要があるので、敷地境界からのゆとりをみておくことも大切である。

6-3-2　壁面緑化の工法

　壁面緑化工法もつる性植物の性質（絡み付く、張り付く、巻き付く、寄りかかる）などにより各種あるが、エクステリアでの壁面緑化の場合は、直接登はん式、ワイヤー誘引などによる間接登はん式、パネル式が一般的といえる。表6-8に壁面緑化工法の特徴をまとめておく。

6-3-3　壁面緑化植物の選び方

　壁面緑化を行う建築物や構造物の下地は、一般的に蓄熱性が高いコンクリートやブロックが多い。従って、構造物に蓄積される熱量などは設置場所が南向きか東向きかなどの方位により異なってくるので、緑化植物への影響に注意する。また、日照量の差で葉の大きさ、葉の色なども異なってくる。

　壁面緑化の植物選定は、主につる性植物になるが、成長の速すぎないものや、葉があまり大きくないもの、香りの強すぎないものなどが、維持管理からも適しているといえる。

　また、つる性植物には大きく次の4つの登はんの性質があるので、それぞれの特性を理解して、用途にあったものを選択する。

表6-8　壁面緑化工法の特徴

	種類	直接登はん式	間接登はん式 ワイヤー誘引・ネット誘引	間接登はん式（プランター使用） ワイヤー誘引・ネット誘引
登はん式				
	特徴	アイビー等付着根を持つつる性植物を直接壁に這わせる。植え付けは地面に。	ワイヤー・ネット等補助材を壁面から離して取り付けてつる性植物を巻き付け、壁面に這わせる。地面に植え付ける。	プランターに植栽し、ワイヤー・ネット等につる性植物を這わせる。
	種類	プランター取り付け 間接下垂式（下垂用補助材使用）	プランター取り付け 直接下垂式	
下垂式				
	特徴	壁面に直接這わせない。壁面のメンテナンス上はよい。	壁面に這わせる。	
ユニット式			商品化されている製品 植物を絡ませるパネルとポットが一体化した製品で、取り替え可能。自動灌水設備が必要。	
	種類	完成ユニット式	施工時植栽式	
パネル式		植物が育った状態の完成パネルを取り付ける。すぐに完成状態が見られる。	予め植物を植え付けておいたパネルやシートを壁面に取り付ける。施工時に植物を植え付けるシステムもある。自動灌水装置が必要。	
	特徴	植物が育った状態の完成パネルを取り付ける。すぐに完成状態が見られる。	植物が未植栽のパネルを使って、施工時に植栽する。緑化完成までに時間がかかる。	

154

● 巻きつる型……茎が支柱などにらせん状に巻き付いて登はんする。植物によって右巻き、左巻きがある。アサガオ、フジ、スイカズラ、テイカカズラ（写6-12）など。

● 巻きひげ型……葉や茎の先端が、らせん状に伸びる「巻きひげ」を、支柱や他の植物に絡み付いて登はんする。スイートピー、トケイソウ（写6-13）など。

● 吸着型……巻きひげの先端が吸盤になっているものや、茎の途中から出ている小さな吸着根（気根）により、壁などに張り付きながら登はんする。テイカカズラ、ヘデラ（写6-14）、ツルアジサイなど。

● 寄り掛かり型…茎や枝から出ているトゲを引っ掛けながら登攀する。ブーゲンビリア、ノイバラなど。

　この4タイプは誘引しなくても巻き付くが、誘引したほうがきれいに仕上がる。結束の必要はない。

　一方、巻き付いたり吸着しないツルニチニチソウ（写6-15）、モッコウバラには誘引と結束が必要である。

　表6-9につる性緑化植物の特性をまとめておく。

写6-12　テイカカズラの巻きつる型登はん

写6-13　トケイソウの巻きひげ型登はん

写6-14　ヘデラの吸着型登はん

写6-15　ツルニチニチソウは誘引・結束が必要

表 6-9　つる性緑化植物の特性一覧

	種類	下垂	耐陰性	耐寒性	耐乾性	花色	備考
カズラ類 オオイタビ（プミラ）（イタビカズラ）	常緑木本	△	○	△	△		全面被覆すると前面に伸びてくる
カロライナジャスミン	常緑木本	△	△	△	△	黄	葉が上部繁茂／花に芳香あり
クレマチス　モンタナ系	落葉多年草	—	×	○	×	桃 白	一季咲き／暑さは苦手
クレマチス　アーマンディ系	常緑多年草	—	×	○	△	桃 白	一季咲き／暑さは苦手／強い芳香がある
クレマチス　ジャックマニー系 落葉・常緑あり（写 6-16）	落葉（木本）多年草	—	△	○	×		四季咲き／花色多種あり
スイカズラ	常緑木本	—	×	○	△		花に芳香あり
ツルニチニチソウ（ビンカ）	常緑多年草	○	△	△	△	白 青	登はんしない／斑入り種あり
ツキヌキニンドウ	半落葉木本	○	×	○	△	赤	東京ではほぼ常緑
ツルバラ類	落葉木本	△	×	×	△		花色多種あり／誘引必要
ツルマサキ	落葉木本	△	△	○	○		斑入りの葉は白から赤まで変化する
テイカカズラ	常緑木本	△	△	△	○	白	花に芳香あり／斑入りあり
トケイソウ	落葉木本	○	×	△	△	色 黄	関東以西越冬可
ハゴロモジャスミン	落葉木本	△	△	△	△	白	花に強い芳香あり
ヘデラ類　ヘデラ・ヘリックス（セイヨウキヅタ）	常緑木本	○	○	△	○		
ヘデラ類　ヘデラ・カナリエンシス（オカメヅタ）	常緑木本	○	○	△	○		黄色の斑が美しい／北アフリカ・カナリア諸島原産／種類により耐寒性、耐陰性に劣るものもある／誘引必要
ヘデラ類　フユヅタ（キヅタ）	常緑木本	○	○	○	○		日本原産
ボストンアイビー（ナツヅタ）	落葉木本	—	△	○	○		吸着力大／紅葉する
ナツユキカズラ	落葉多年草	△	△	△	△	白	伸びたツルが垂れ下がる
モッコウバラ（写 6-17）	常緑木本	△	△	○	△	黄色 白	トゲが無／登はんには誘引必要

下垂　○する　△ややする　／　耐陰性・耐寒性・耐乾性　○高い　△普通　×低い

＊この表は一般的な性質をまとめたもので、品種の多いものについては表と異なる性質をもつ場合もある

写 6-16　クレマチス・ジャックマニー系

写 6-17　モッコウバラ

6-3-4　壁面緑化の維持管理

　庭木の手入れが不可欠であるのと同様に、壁面緑化を行う場合でもメンテナンスの手間を惜しむことはできない。手入れの行き届かない緑化壁面は、見た目が悪いばかりでなく壁面の劣化を速めたり、害虫の被害が通行人や近隣の住宅に及ぶことにもなる。特に維持管理が行き届いていない場合は、発生した害虫が近隣の植物にまで進出して、被害を拡大することもある。

　維持管理は、手入れのできる高さであれば技術的に難しいこともなく、作業の危険性も少ないので、生育の状況をよく観察して剪定や手入れ、病気や害虫の予防などを適時に行う。

A　剪定

　植栽は常に維持管理が必要だが、緑化壁面に使用されるつる性植物の多くは剪定が難しくなく、刈り込みにトリマー（刈り込み用の庭園工具）を使えば、住まい手でも容易にできる。緑化壁の高さは剪定のしやすい、手の届きやすい高さにしておくこと、エッジ（端やへり）をきちっと仕上げること、または、緑化の境界に縁をつけておくようにするとよいだろう。植えたつる性植物の種類にもよるが、年間3回程度の刈り込みは必要になる。

B　灌水

　つる性植物の木本類を地面に直接植え、他の樹木と同様に活着すれば灌水の心配はそれほどないが、草本類の場合は、草花類と同様の灌水が必要になる。

　工法別では、ポット式、プランター式の場合は常に灌水が必要になるので、ごく小規模で住まい手の手入れが行き届く場合を除き、自動灌水装置が必要になる。

引用・参考文献

浅野義人、加藤正広『NHK 趣味の園芸　よくわかる栽培 12 か月　芝生』NHK 出版、2005

有江力監修『図解でよくわかる病害虫のきほん　病害虫発生のメカニズムから、栽培管理、農薬・肥料の使い方、防除法まで』誠文堂新光社、2016

稲垣善之、舘野 隆之輔「樹木の成長を支える土壌」『森林科学』77 巻、日本森林学会、2016

今矢明宏「土壌とは何だろう？　分類により土壌を理解する『森林科学』77 巻、日本森林学会、2016

上田善弘『園芸「コツ」の科学　植物栽培の「なぜ」がわかる』講談社、2013

遠藤与志郎編集『建築知識別冊　緑のデザイン図鑑　配植のテクニックと作庭の手法　樹木・植栽・庭づくり』建築知識、1998

興水肇監修、東京都新宿区『都市建築物の緑化手法　みどりのある環境への技術指針』彰国社、1994

小原洋「代表的な日本の農耕地土壌 1　黒ボク土、褐色森林土、赤黄色土」『農環研ニュース』No.107、農業環境技術研究所、2015

樋口春三監修、花卉懇談会『なんでもわかる花と緑の事典』六耀社、1996

上条祐一郎『NHK 趣味の園芸　切るナビ！　庭木の剪定がわかる本』NHK 出版、2012

川上幸男、鷲尾金弥『花の造園　都市空間のフロリスケープ』経済調査会、1996

環境省『環境循環型社会白書 平成 19 年版』ぎょうせい、2007

岸野功、塩崎雄之輔、農文協『図解 最新果樹のせん定　成らせながら樹形をつくる』農山漁村文化協会、2005

久保利夫『図解　草花栽培　一目でわかる花づくり』加島書店、1990

ケン・トンプソン『自然から学ぶトンプソン博士の英国流ガーデニング』バベルプレス、2008

建築知識『最高の植栽をデザインする方法』エクスナレッジ、2011

講談社『ガーデン植物大図鑑　木を植えよう花で飾ろう』講談社、2008

国土交通省都市局公園緑地・景観課緑地環境室監修『植栽基盤整備技術マニュアル』日本緑化センター、2009

専修学校職業人再教育推進協議会農業専門部会『ガーデン園芸基本マニュアル』2000

日本公園緑地協会造園施工管理委員会『改訂 26 版　造園施工管理　技術編』日本公園緑地協会、2011

高田宏臣『土中環境　忘れられた共生のまなざし、蘇る古の技』建築資料研究社、2020

玉崎弘志『NHK 趣味の園芸ガーデニング21　わが家の庭木を剪定する　枝の切り方、残し方』日本放送出版協会、2003

新潟県都市緑花センター『緑豊かな街路樹を育てる〜街路樹植栽基盤整備マニュアル〜』新潟県都市緑花センター、2007

日経アーキテクチュア編集部『建築緑化入門　屋上緑化・壁面緑化・室内緑化を極める！』日経 BP 社、2009

日本エクステリア学会『エクステリアの植栽　基礎からわかる計画・施工・管理・積算』建築資料研究社、2019

日本家庭園芸普及協会グリーンアドバイザー委員会『2019 グリーンアドバイザー認定講習テキスト・資料編』日本家庭園芸普及協会グリーンアドバイザー委員会、2019

日本家庭園芸普及協会グリーンアドバイザー委員会『2019 グリーンアドバイザー認定講習テキスト・基礎編』日本家庭園芸普及協会グリーンアドバイザー委員会、2019

日本土壌協会監修『図解でよくわかる　土壌診断のきほん』誠文堂新光社、2020

日本ペドロジー学会第五次土壌分類・命名委員会『日本土壌分類体系』日本ペドロジー学会、2017

農山漁村文化協会『自然農薬のつくり方と使い方　植物エキス・木酢エキス・発酵エキス』農山漁村文化協会、2009

はなたびと『コンポストの作り方　簡単！自宅でガーデニング用土を再生する』Kindle 版、2020

ひきちガーデンサービス（曳地トシ＋曳地義治）『鳥・虫・草木と楽しむ　オーガニック植木屋の剪定術』築地書館、2019

本田進一郎『あらゆる有機物から肥料を作る方法』電子園芸 BOOK 社、2016

山本紀久『造園植栽術』彰国社、2012

吉田俊道『完全版　生ごみ先生が教える「元気野菜づくり」超入門』東洋経済新報社、2017

日本学術会議・農学委員会・土壌化学分科会『報告　都市域土壌の現状と課題』2020

東京都環境局『「生態系に配慮した緑化のための講習会」令和元年度テキスト』2019

緑花技研企画・作成『屋内緑化マニュアル　光に配慮した新たな屋内緑化の薦め』全国鉢物類振興プロジェクト協議会、2022

参考文献 （WEBサイト）

NHK 出版 みんなの趣味の園芸
　　https://www.shuminoengei.jp/

GreenSnap 植物・お花好きが集まるコミュニティ
　　https://greensnap.jp/

住友化学園芸 E グリーンコミュニケイション
　　https://secure.sc-engei.co.jp/privacy_system/user/project

土壌と植栽基盤 豊田幸夫
　　http://eco-gnw.com/pic/technology/eco-green03.pdf

ヤサシイエンゲイ 植物の育て方図鑑
　　http://yasashi.info/

LOVEGREEN 植物と暮らしを豊かに
　　https://lovegreen.net/

緑化システムコム 壁面緑化・屋上緑化・室内緑化
　　http://www.ryokkasystem.com/

写真撮影協力

株式会社ユニマットリック　写 6-6、6-7、写 6-8（p.149）、写 6-9、写 6-10、写 6-11（p.152）

一般社団法人　日本エクステリア学会　事務局
〒101-0046 東京都千代田区神田多町 2-5 喜助神田多町ビル 401
TEL　03-6285-2635　　FAX　03-6285-2636
http://es-j.net/　　　front@es-jp18.net

エクステリア植栽の維持管理
緑のある暮らしを保つ知識・計画・方法

発行	2022年8月5日　初版第1刷
編著者	一般社団法人 日本エクステリア学会
発行人	馬場 栄一
発行所	株式会社 建築資料研究社
	〒171-0014 東京都豊島区池袋2-38-1 日建学院ビル 3F
	tel. 03-3986-3239
	fax. 03-3987-3256
	https://www.kskpub.com/
装丁	加藤 愛子（オフィスキントン）
印刷・製本	株式会社 埼京印刷

ISBN 978-4-86358-803-5